Dr Rakshanda Anayat
Dr Shahnaz Mufti
Dr Zahida Rashid

Produção comercial de legumes

Dr Rakshanda Anayat
Dr Shahnaz Mufti
Dr Zahida Rashid

Produção comercial de legumes

Produtos hortícolas comerciais improtantes de Jammu e Caxemira e sua comercialização

ScienciaScripts

Cover image: www.ingimage.com

This book is a translation from the original published under ISBN 978-620-7-48412-6.

Publisher:
Sciencia Scripts
is a trademark of
Dodo Books Indian Ocean Ltd. and OmniScriptum S.R.L publishing group

120 High Road, East Finchley, London, N2 9ED, United Kingdom
Str. Armeneasca 28/1, office 1, Chisinau MD-2012, Republic of Moldova, Europe
Managing Directors: Ieva Konstantinova, Victoria Ursu
info@omniscriptum.com

Printed at: see last page
ISBN: 978-620-8-36691-9

Conteúdo

MENSAGEM

RaihanaH. Kanth, Diretor da FoA, Wadura

É com grande prazer que apresento este livro abrangente sobre Produção Comercial de Vegetais. Esta coleção meticulosamente selecionada de ideias e conhecimentos tem como objetivo servir como um recurso indispensável para todos os que procuram navegar pelos meandros e oportunidades desta indústria dinâmica.

A produção comercial de produtos hortícolas é um dos pilares do nosso sistema alimentar global, assegurando um fornecimento constante de produtos frescos e nutritivos para alimentar as comunidades de todo o mundo. À medida que a população mundial continua a expandir-se, prevê-se que a procura de produtos hortícolas aumente a um ritmo sem precedentes. Este facto representa uma oportunidade imperiosa para os profissionais desta área desempenharem um papel fundamental na garantia da segurança alimentar e na promoção da saúde pública. O livro aprofunda os meandros da produção comercial de produtos hortícolas, abrangendo toda a cadeia de valor, desde a meticulosa seleção de sementes e práticas de cultivo até técnicas eficientes de colheita e gestão pós-colheita. Explora a gama diversificada de culturas hortícolas, as suas caraterísticas únicas e a sua adaptabilidade a vários climas e condições de crescimento.

O marketing - a arte de ligar os produtores aos consumidores, assume um papel central no compêndio. Desvenda os meandros da análise de mercado, do comportamento do consumidor e de estratégias de marca eficazes, capacitando os produtores a cultivar uma forte presença no mercado. Este livro apresenta uma grande variedade de contribuições de especialistas em todo o espetro da produção e comercialização comercial de produtos hortícolas. A sua sabedoria colectiva fornece informações valiosas sobre as tendências da indústria, tecnologias emergentes e práticas sustentáveis que podem aumentar a produtividade, minimizar o impacto ambiental e otimizar a utilização de recursos.

Quer seja um aspirante a horticultor, um comerciante experiente, ou simplesmente procure expandir os seus conhecimentos sobre esta indústria vital, este compêndio serve como um companheiro inestimável. É um tesouro de orientação prática, que lhe permite tomar decisões informadas, enfrentar desafios e aproveitar as oportunidades que abundam neste sector em constante evolução. Ao embarcar na sua jornada de produção e comercialização comercial de produtos hortícolas, encorajo-o a abraçar o espírito de inovação, adaptabilidade e sustentabilidade que permeia este compêndio. Deixem que estes princípios orientadores alimentem os vossos esforços, permitindo-vos contribuir de forma significativa para o sistema alimentar global e ter um impacto duradouro no mundo à vossa volta.

Com os mais sinceros cumprimentos
Prof. Raihanna. H Kant (Reitor F.O.A)

CAPÍTULO 1

Criação de culturas hortícolas em viveiros saudáveis e de alta tecnologia para a produção comercial de produtos hortícolas

[1]Dilpreet Talwar,[1]Kulbir Singh, [2]Rakshanda Anayat, [3]Shahnaz Mufti,[4]Zahida Rashid,[2]Feroz Ahmed
Departamento de Ciências Vegetais, Universidade Agrícola de Punjab, Ludhiana Pin-141004
[2]Faculdade *de Agricultura (FoA), Wadura, SKUAST-Kashmir,*
[3]Faculdade *de Horticultura (FoH), Shalimar, SKUAST-Caxemira*
[4]DARS. *Budgam, SKUAST-Kashmir*

INTRODUÇÃO

Tal como dizemos que "o êxito de qualquer sistema de produção depende do tipo de sementes que estamos a semear", o mesmo acontece com as plântulas. As plântulas saudáveis cultivadas num viveiro bem gerido determinarão o rendimento e, consequentemente, o lucro.

O viveiro é um local temporário onde as plantas são cultivadas até estarem prontas para o transplante final para o campo. A criação em viveiro é importante para se obterem plantas isentas de doenças e insectos e um maior rendimento. Geralmente, os produtos hortícolas de sementes pequenas, como o brinjal, a malagueta, o tomate, o pimento e a cebola, respondem bem ao cultivo em viveiro e à posterior transplantação. Os produtos hortícolas de sementes grandes, como a ervilha, o feijão e o quiabo, etc., não respondem à transplantação. Por conseguinte, estes tipos de produtos hortícolas são semeados diretamente no campo. Mas os viveiros de cucurbitáceas são semeados em tabuleiros para produção fora de época e precoce. Esta prática tem uma importância significativa no cultivo de culturas hortícolas. A ligação entre o cultivo em viveiro e o sucesso das plântulas no campo constitui um elo crítico na manutenção das nossas necessidades alimentares e da produção agrícola.

Sementes e plântulas saudáveis são o primeiro e essencial requisito para alcançar o pleno potencial de rendimento de qualquer cultura hortícola. Nos últimos anos, os produtores de produtos hortícolas tornaram-se muito conscientes da importância de sementes ou plântulas de qualidade. Uma grande parte da área cultivada com produtos hortícolas na Índia é atualmente semeada com sementes híbridas, que são dispendiosas mas permitem obter rendimentos mais elevados e produtos de qualidade. Tendo em conta o elevado custo das sementes, algumas culturas hortícolas, como o tomate, o brinjal, o pimento e as cucurbitáceas, estão a ser transplantadas após o cultivo em viveiro, em condições protegidas, a fim de se obter uma contagem máxima de germinação e o estabelecimento de plantas saudáveis. O cultivo de plântulas em tabuleiros de plugues ou retratos é uma tecnologia que cumpre os requisitos acima referidos. Esta tecnologia está a emergir rapidamente como uma empresa agrícola na Índia devido às suas vantagens óbvias tanto para o viveirista como para o agricultor. O substrato sem solo constituído por turfa de coco e vermiculite é geralmente utilizado em tabuleiros de plântulas e uma semente é colocada manualmente em cada célula do tabuleiro de plântulas e coberta com o substrato. No entanto, a sementeira manual é trabalhosa, consome muito tempo e requer mais mão de obra para a operação cultural. A sementeira de precisão mecanizada de tabuleiros de plântulas é, por conseguinte, necessária para aumentar a capacidade da indústria de viveiros em rápido crescimento na Índia

Benefícios da criação em viveiro:

- Conveniente e fácil de cultivar um grande número de mudas por unidade de área. Fácil de gerir uma pequena área de viveiro em comparação com uma grande área de campo. Por exemplo, um viveiro de tomate cultivado em 100m² será suficiente para transplantar numa área de um acre.
- Numa área pequena, torna-se fácil produzir condições favoráveis para o viveiro.
- A produção de viveiros fora de época é possível através de tabuleiros de encaixe
- Melhor germinação das sementes
- Fácil de gerir as doenças e os insectos-praga que surgem no viveiro.
- Utilização eficiente da terra, da mão de obra, da água e dos nutrientes, etc,
- Assegurar a disponibilidade fácil e barata de plantas

Importância da produção de viveiros hortícolas de alta tecnologia

- Desenvolvimento do espírito empresarial nas zonas rurais
- Desenvolvimento de pequenas indústrias conexas
- Criação de emprego, especialmente para as mulheres rurais
- Aproveitamento de resíduos - medula de coco
- A mecanização é possível, reduzindo assim o trabalho pesado dos trabalhadores agrícolas
- Os viveiristas podem também atuar como agentes técnicos na difusão de tecnologias como as variedades melhoradas e os híbridos
- Menos perda de sementes caras
- Germinação correta das sementes, crescimento uniforme, menor mortalidade das plântulas
- Menor incidência de pragas e doenças

O primeiro passo para o sucesso da produção de hortaliças é a criação de mudas saudáveis e vigorosas. A criação de viveiros de hortaliças tornou-se um negócio altamente comercializado, em que a maioria dos produtores de hortaliças compra mudas de viveiros.

A sementeira em viveiro do tomate, da couve-galega e do pimento é efectuada em meados de outubro e a transplantação em meados de novembro, enquanto a sementeira em viveiro da cebola é efectuada na primeira quinzena de novembro e a transplantação na primeira quinzena de janeiro. Os viveiros de brinjal e malagueta podem também ser semeados em novembro e transplantados em fevereiro. Os viveiros de cucurbitáceas são semeados em tabuleiros para produção precoce de cucurbitáceas.

Um bom viveiro fornecerá plântulas saudáveis, livres de doenças e vigorosas, atingindo assim o rendimento recomendado se forem seguidas as práticas de gestão adequadas. Os viveiros podem ser criados através de dois métodos, ou seja, com base no solo e em tabuleiros de pró/plug.

Quadro-1 Procura anual de plântulas e sementes de produtos hortícolas na Índia

S. Não.	Cultura	Plântula (milhões)	Sementes (kg)
1.	Tomate	13028	600
2.	Brinjal	200000	635
3	Malagueta	14157	195

4.	Cebola	695000	2779
5.	Couve	22963	101
6.	Couve-flor	12669	87

(Fonte: Livro de Recursos sobre Gestão de Viveiros de Horticultura, NAIP, ICAR, 2012)

Localização e disposição do viveiro: O viveiro deve ser construído num local onde não haja estagnação de água e que disponha de um bom sistema de drenagem. O terreno para o viveiro deve ser bem drenado e situado num nível elevado. Selecionar o local para a criação do viveiro onde possa receber pelo menos 6 horas de luz solar por dia. O solo para o viveiro deve ser franco-arenoso e de pH normal (cerca de 6,5 a 7,0). Deve estar perto de uma fonte de água e também longe de lugares sombrios ou de paredes cimentadas. Proteger o viveiro de animais selvagens, usando arame à volta do muro que delimita o viveiro.

Cama de viveiro: Preparar uma cama elevada de 10-15 cm de altura, 1-1,5 metros de largura e 4 a 5 metros de comprimento para a criação de legumes em viveiro. Escolher o local onde há disponibilidade de luz solar adequada, irrigação adequada, sem coágulos no solo e drenagem adequada. Fazer sempre a cama do viveiro na direção Este-Oeste. É melhor não usar a mesma terra repetidamente para a criação de viveiros, porque há a possibilidade de organismos de doenças ou ovos de insectos-praga estarem presentes no solo. Antes da preparação da cama do viveiro, misturar 2 quintais de estrume bem podre do pátio da quinta com o solo (50 metros quadrados). Irrigar a cama pelo menos 10 dias antes da sementeira para que as sementes de ervas daninhas possam ser germinadas e arrancadas antes da sementeira de qualquer cultura hortícola.
Após a preparação da cama, o solo é esterilizado com formalina ou formaldeído (4 ml por metro quadrado) de forma a saturar as 6 polegadas superiores do solo. Cobrir o solo com uma folha de polietileno de 100 gauge durante 72 horas. Cobrir todos os lados da folha de polietileno com uma camada fina de terra à volta da cama, de forma a que os fumos de formalina não saiam das camas. Após 72 horas, retirar o lençol de plástico e soltar o solo com uma pá durante um ou dois dias, de forma a que os fumos dos produtos químicos se libertem para o ar e não impeçam a germinação das sementes.
Antes de semear a semente, fazer linhas na cama com uma vara de 2 cm de profundidade. Tratar a semente com Captan/Thiram @ 2,5-3 g por kg de semente. Deve-se ter em mente que ao tratar a semente com fungicida, ele deve ser aplicado a cada parte da semente. Por isso, é importante que as sementes sejam compradas de uma fonte fiável, como a Universidade Agrícola de Punjab.
Semear a semente a 1-2 cm de profundidade em linhas. Uma sementeira densa dará origem a plântulas fracas. Após a sementeira, cobrir o canteiro com uma camada fina de estrume de quintal bem decomposto e regar o canteiro imediatamente com uma lata de água. Irrigar os canteiros duas vezes por dia (de manhã e à noite). Nos meses de inverno, quando a temperatura é baixa, cobrir a cama de sementes com uma folha de plástico após a semeadura. Quando as sementes estiverem germinadas, remover a folha de plástico. Quando as plantas estiverem germinadas, então encharcar as plantas do viveiro com captan/thiram (4g por litro de água) para que as plantas sejam protegidas da doença do amortecimento (doença fúngica no viveiro). Repetir a

operação após 7-10 dias. Contudo, a velocidade de germinação depende do vigor das sementes, da humidade disponível e das condições de temperatura, mas o número aproximado de dias necessários para a germinação de sementes em diferentes produtos hortícolas é o seguinte

Cultura	Dias até à germinação	Cultura	Dias até à germinação
Tomate	5-7	Aipo	10-15
Brinjal	5-6	Couve chinesa	3-4
Malagueta	7-8	Sorrel	8-10
Couve-flor	3-4	Manjerona doce	10-12
Couve	3-4	Cebola	7-10
Knol-khol	3-4	Endívia	3-4
Couve lombarda	4-5	Chicória	3-4
Couve	3-4	Brócolos	3-5
Couves-de-bruxelas	3-4	Alface	4-5

Componentes e processos envolvidos no sistema moderno de criação em viveiro

Tabuleiro de mudas, meios de cultura, mecanização, irrigação, nutrientes, estrutura protegida, luz e peletização de sementes e priming, melhoramento biológico e endurecimento.

1. **Tabuleiro** para plântulas:-**A escolha** do tamanho das células do tabuleiro (número e volume) para cultivar plântulas depende de vários factores, incluindo o tamanho das sementes, a economia, as taxas de crescimento das plantas e as exigências do cliente. O número de células varia de 72 a 800 células por bandeja padrão (53,7 X 27,5 cm) [2]. O tamanho das células pode variar em função do diâmetro (células redondas) ou do comprimento (células quadradas) e da profundidade da célula. O tamanho da célula é mais importante, pois controla a quantidade de meio utilizado e a capacidade de retenção de água. É menos dispendioso, por planta, cultivar e enviar uma célula de pequeno volume do que uma célula maior. Quanto mais pequenas forem as dimensões da célula no tabuleiro, mais unidades um cultivador pode produzir por unidade de área, uma vez que as plântulas terminarão mais rapidamente e mais plântulas podem crescer por unidade de área no espaço da estufa. As plântulas cultivadas em células maiores são mais altas e têm maior peso seco do que as cultivadas em células pequenas [3, 4]. O tomate, o brinjal, o pimento, a malagueta, a melancia, os brócolos, a couve-flor [3], o repolho [5], a cebola [6] e o melão [7] foram referidos como tendo produções mais precoces e um crescimento mais rápido no início do transplante quando cultivados em células maiores. O tamanho de um contentor aumenta a biomassa das raízes e dos rebentos [8]. Se o volume das raízes for reduzido, a absorção de água e de nutrientes pode também ser reduzida, conduzindo assim a uma diminuição do tamanho dos rebentos.

2. **Tabuleiro de fichas**

No passado, os agricultores semeavam os viveiros de produtos hortícolas em canteiros elevados a baixo custo (método tradicional). Atualmente, para a produção de plântulas de qualidade e para o cultivo precoce, os agricultores utilizam o método do tabuleiro. Este método é usado principalmente para cucurbitáceas ou híbridos F1, uma vez que o custo das sementes é bastante elevado. As plântulas de couve-flor, tomate, brinjal, repolho e cucurbitáceas são produzidas utilizando tabuleiros de encaixe. Na época atual, os tabuleiros de plástico ou os tabuleiros de plástico com diferentes tamanhos e formas de células são normalmente utilizados para a criação de viveiros de produtos hortícolas. Para a criação de viveiros em tabuleiros de encaixe, misturar cocopeat, perlite e vermiculite na proporção de 3:1:1 e encher os tabuleiros de encaixe. Tratar as sementes com captana ou tirame a 2,5 - 3 g por kg de sementes antes de as semear em tabuleiros. As cucurbitáceas são semeadas em novembro e transplantadas em fevereiro em tabuleiros para cultivo precoce. Os produtos hortícolas de semente pequena, como o tomate, o brinjal e a malagueta, podem ser semeados em tabuleiros de 98 plugs e os produtos hortícolas de semente grande, como as cucurbitáceas, podem ser semeados em tabuleiros de 50 plugs.

Após a sementeira, mantêm-se 8-10 tabuleiros uns por cima dos outros e cobrem-se com folha de plástico. Ao cobrir com uma folha de plástico, a temperatura no interior dos tabuleiros aumenta, o que ajuda a uma germinação mais rápida e evita perdas por evaporação. A germinação das sementes demora, geralmente, entre 3 e 10 dias, consoante a cultura e a temperatura em vigor. Os tabuleiros são regados diariamente para manter a humidade adequada. Cerca de duas semanas após a sementeira, se as plântulas parecerem finas ou as folhas ficarem com uma cor verde amarelada pálida, especialmente na folhagem mais velha, pode ser feita a aplicação foliar de fertilizantes solúveis em água (N:P:K, 19:19:19) a 2 g por litro de água. Com esta técnica, as plântulas estarão prontas para serem transplantadas dentro de 3-6 semanas, dependendo da cultura e das condições ambientais.

Quadro-2 Diferença entre as plântulas cultivadas no campo e as plântulas cultivadas em contentor

S.N.	**Método tradicional de cultivo de plântulas (cultivadas em condições de campo aberto)**	**Método moderno de cultivo de plântulas (cultivadas em tabuleiros de encaixe em condições protegidas)**
1.	Desinfetar a zona do viveiro por solarização	Utilizar tabuleiros limpos
2.	Preparar canteiros de cerca de 3 m x 1 m e 20 cm de altura.	Utilizar o tamanho correto de célula de acordo com a cultura. Por exemplo, as culturas de cucurbitáceas requerem um tamanho de célula maior do que as outras culturas hortícolas.
3.	Preparar a cama do viveiro, soltar o solo e semear as sementes em linhas com cerca de 5 cm de distância e 1 a 2 cm de profundidade. Ajustar a profundidade de plantação de acordo com o tamanho das sementes	Preparar os meios de cultivo: normalmente foram utilizadas misturas de turfa de coco com biofertilizante. Semear uma semente em cada célula a uma profundidade de 0,5 a 1,0 cm.
4.	Cobrir a cama do viveiro com palha de arroz ou folhas secas para a germinação	Cobrir os tabuleiros com uma folha de polietileno preta para a germinação
5.	Mais perda de sementes caras	Menos perda de sementes caras

Singh e Peter [1]

3. Meios de cultura:- Os meios de cultura são um dos componentes importantes do sistema moderno de criação de viveiros. O êxito da produção em viveiro depende em grande medida das propriedades químicas e físicas dos meios de cultura. As caraterísticas físicas dos suportes são importantes para a capacidade de retenção de água e de nutrientes, bem como para o arejamento adequado para um crescimento ótimo das raízes. Os componentes físicos e químicos dos suportes são muito importantes para o crescimento ótimo dos rebentos e das raízes. A escolha de um meio de cultura para a produção de plântulas deve também basear-se em considerações económicas. O custo dos meios pode otimizar o crescimento das plantas, mas os custos dos produtos podem não ser economicamente viáveis. O volume das células torna-se então um fator económico fundamental no que diz respeito à quantidade de meios necessários para o crescimento das plântulas. Além disso, pequenos volumes de células podem criar problemas com a retenção de humidade, o arejamento e a acumulação de sais solúveis. O tipo de método de irrigação também ditará as decisões sobre os meios de cultivo. A turfa de coco é um subproduto da extração de fibras da casca de coco. É um material 100% natural, biodegradável, fibroso e esponjoso. Tem um rácio C: N elevado, pelo que demora muito tempo a decompor-se. Também tem uma elevada capacidade de retenção de água, aproximadamente sete a nove vezes o seu próprio peso. A turfa de coco contém propriedades antifúngicas e antibacterianas. Para além disso, contém uma elevada CEC e um valor de pH moderadamente elevado. Tendo em conta as propriedades acima referidas, a turfa de coco é um substrato muito bom para o crescimento de plantas, após o ajuste de várias propriedades em culturas sem solo, tais como viveiros de vegetais em estufas

4. Melhoramento biológico:- O tratamento de sementes é o método mais comum adotado para a produção de plântulas saudáveis. O tratamento de sementes é um método eficaz e económico. Tratar as sementes com Trichoderma viride 4 g ou Pseudomonas fluorescens 10 g ou Carbendazim 2 g por kg de sementes 24 horas antes da sementeira. Imediatamente antes da sementeira, tratar as sementes com Azospirillum @ 40 g / 400 g de sementes. Misturar cocopeat esterilizado @ 300 kg com 5 kg de bolo de neem junto com Azospirillum e Phosphobacteria cada um @ 1 kg. São necessários, aproximadamente, 1,2 kg de cocopeat para encher uma bandeja.

5. Mecanização:- A bandeja de transplante é a primeira área que facilita a mecanização tanto no transplante de mudas quanto no transplante potencialmente automático no campo [8]. Essencialmente todas as operações de transplante de mudas mecanizaram o processo de semeadura [9]. Os tabuleiros são carregados a granel para uma linha onde são cheios com meio de cultura, diblados, semeados através de um semeador de tambor a vácuo, cobertos com vermiculite, regados e depois empilhados à mão. Os operadores têm de inspecionar a linha, empilhar os tabuleiros para encher e empilhar os tabuleiros cheios à medida que saem da linha. Este processo é melhorado se as sementes forem granuladas, redondas e de tamanho razoável. As operações de sementeira mais sofisticadas utilizam robots para carregar e descarregar os pratos nas bancadas. Germinação A temperatura amena e a humidade uniforme são importantes para o sucesso da germinação das sementes. Existem muitos sistemas de câmaras de germinação de sementes disponíveis no mercado, incluindo unidades de germinação feitas à medida. Muitos produtores utilizam o aquecimento do fundo ou da zona das raízes para proporcionar uma temperatura quente e uniforme. Coloca-se um tapete de ervas daninhas (polietileno preto) na parte superior da bancada para ajudar a espalhar o calor, com saias laterais para ajudar a conter o calor. A germinação das sementes de tomate é melhor a 210C. A temperatura ideal da zona radicular é de 26 a 290C durante as primeiras quatro semanas de crescimento e de 20 a 260C durante a quinta e a sexta semanas. As sementes de brinjal germinam a uma temperatura de 21 a 240C. As sementes de malagueta germinam entre 28 e 320C [1].

6. Irrigação: - As plântulas podem ser irrigadas por cima das plantas ou por subirrigação através de fluxo e refluxo. Os custos variam consideravelmente. A irrigação por cima da cabeça geralmente requer uma barra com bicos, enquanto o sistema de fluxo e refluxo, mais caro, requer pisos de betão e um sistema de reciclagem da água. A vantagem deste último sistema é o facto de não ser aplicada água à folhagem da plântula. Por conseguinte, o potencial de desenvolvimento e propagação de doenças é reduzido. Além disso, a água e os nutrientes são reciclados, reduzindo a poluição das águas subterrâneas, poupando assim água e fertilizantes. Embora o tipo de sistema de irrigação possa alterar a morfologia das raízes nas plântulas, o rendimento total de muitas culturas hortícolas não é afetado pelo tipo de irrigação [10]. Os sistemas de flotação melhoraram a uniformidade do tomate e do pimentão [11]. O alongamento total da raiz foi semelhante para ambos os tratamentos de irrigação aérea e sub irrigação. A subirrigação reduziu o rácio rebento/raiz e promoveu a resistência das plantas.

7. Nutrientes:- A nutrição desempenha um papel importante no viveiro. A nutrição, sob a forma de fontes orgânicas e inorgânicas, fornece todos os nutrientes essenciais necessários para o crescimento e desenvolvimento adequados das plantas de viveiro. A disponibilidade de nutrientes para a planta depende de muitos factores, como o material de origem, o teor de nutrientes, o estado correto do solo e o tipo de fertilizante. O desempenho das plantas em viveiro depende do estado dos nutrientes no meio vegetal, mas não foram elaboradas diretrizes nutricionais devido à curta duração das plantas em viveiro. É necessário aplicar nutrientes com base nas necessidades para a produção de mudas de qualidade. Tanto a massa de rebentos como a de raízes foram melhoradas com o aumento de N, mas o aumento da massa de rebentos foi muito maior do que o da massa de raízes em resposta ao N, resultando em rácios mais elevados de rebentos e raízes. Geralmente, quando taxas adequadas de P são fornecidas ao meio de cultivo, observa-se pouca melhora no crescimento e no desempenho do transplante no campo quando os níveis de P são aumentados [12].

8. Estrutura protegida:- A poly house oferece melhor proteção, devido a evitar totalmente a entrada de água da chuva na poly house, pelo que as doenças das folhas podem ser facilmente controladas. A película transparente de polietileno estabilizado contra raios ultravioleta de 200 mícrones de espessura é usada para cobrir o telhado da estufa. É fornecido com redes de sombra retrácteis ou móveis, a cerca de 11 pés de altura, logo abaixo das estruturas a partir do nível do solo. Os lados da casa de polietileno são cobertos com película de polietileno de 200 mícrones de espessura a uma altura de 3 pés do nível do solo, para melhor proteção contra os salpicos da chuva. A altura restante da parede lateral é coberta com uma rede de 40 mícrones de cor branca à prova de insectos em todos os quatro lados. A estufa é provida de uma ante-câmara com duas portas construídas em direcções opostas, em que a entrada ou saída da estufa é feita pela primeira porta e, depois de se fechar a primeira porta, abre-se a segunda para entrar na estufa. Deve-se ter o cuidado de não abrir ambas as portas simultaneamente para evitar a entrada de pragas nas estruturas protegidas. Deve ser preparada uma pequena calha de betão com 2 metros de comprimento, 1 metro de largura e 2 polegadas de profundidade entre as duas portas da antecâmara para facilitar a lavagem das pernas na solução desinfetante (permanganato de potássio), a fim de evitar qualquer contaminação no interior da polis casa [13]

9. Transplantação:- A transplantação é um processo em que as plântulas ou estacas enraizadas de culturas hortícolas são plantadas de um local (cama de viveiro, vaso, contentor) para outro, geralmente num local permanente onde crescem, florescem e dão frutos. A transplantação retarda invariavelmente o crescimento, mas a gravidade do atraso depende do tamanho do transplante, do número de vezes que a planta é transplantada, do tempo decorrido entre o desenraizamento e a transplantação, das condições ambientais no momento da transplantação, da proporção de raízes retidas com a transplantação, da capacidade das raízes mais velhas para absorver água, da regeneração de novas raízes e do hábito de crescimento das plantas. Com base na transplantação com raízes nuas, os produtos hortícolas podem ser classificados em três categorias:

- Facilmente transplantáveis: Tomate, couve-galega, repolho, couve-flor, brócolos, couve-de-bruxelas e alface.
- Transplantadas com cuidado: Cebola, malagueta, pimento, alho francês, aipo, cenoura.
- Não transplantáveis: Quiabo, cucurbitáceas, feijão, nabo, rabanete.

Parar a irrigação pelo menos 3-4 dias antes de desenraizar as plântulas. Isto permitirá o endurecimento das plântulas. Mas a irrigação ligeira é dada na altura do desenraizamento das plântulas.

Economia da criação de viveiros em estufa

Tamanho da estrutura (10m (C) x 5m (L) x 7' (A)) = 50m2

Nº de mudas 8000 (sacos de polietileno) + 7000 (retratos) = 15.000/-

Plântula @ Rs.2/- = Rs. 30.000/-

Custo de investimento (estufa, sacos de polietileno, protrays) = 15.500 + 5.000 = Rs. 20,500/-

Lucro líquido do 1º ano (30.000 - 20.500) = Rs.9500/-

Lucro líquido do 2º ano (30.000 - 5000) = Rs.25000/-

Lucro líquido do 3º ano (30.000 - 6000) = Rs.24, 000/-

Yadav et al. [13]

Conclusão

A produção de viveiros de hortícolas tornou-se um negócio altamente comercializado, em que a maioria dos agricultores compra os seus plugs a produtores profissionais. Muitos factores contribuem para a produção de plântulas de qualidade. Estes incluem a utilização de sementes de alta qualidade, meios de cultura com boa drenagem, capacidade de retenção de água e fornecimento de taxas óptimas de fertilidade. Além disso, as plântulas são germinadas em condições mais ou menos óptimas para obter povoamentos uniformes e são cultivadas em cultura protegida em condições de estufa. A taxa de desenvolvimento das plantas, a estrutura das raízes, a altura das plantas e a matéria vegetativa podem ser rigorosamente controladas nestas condições. As dimensões das células dos contentores podem ser ajustadas para ajudar a produzir plantas de dimensões que estejam em conformidade com as exigências rigorosas dos clientes. A utilização de robots para o enchimento de tabuleiros, na estufa de produção, e a mecanização do processo de plantação e crescimento, bem como a fertilização do tabuleiro e o processo de colheita, podem reduzir ainda mais as necessidades de mão de obra do sistema de produção de plugs. O advento dos transplantes de plugues permitiu aos produtores de muitas culturas especializadas a capacidade de reduzir significativamente os custos de sementes, aumentar a uniformidade do povoamento e, em muitos casos, aumentar o rendimento e a qualidade dos produtos produzidos. No futuro, muitas outras culturas poderão ser cultivadas como transplantes de plântulas, especialmente as de elevado valor económico e de custo potencialmente elevado de sementes.

Referências

[1] Singh D. K. e Peter K. V. (2014) New India publishing agency. Pp. 223258.

[2] Hamrick D. (2005) Ornamental bedding in plant industry and plug production. Pp. 27-38. In: M. B. McDonald e F. Y. Kwong (eds.), Flower seeds: Biology and technology. CAB International. Oxfordshire, Reino Unido.

[3] Cantliffe D. J. (1993) HortTechnology, 3, 415-418.

[4] NeSmith D. S. e Duval J. R. (1998) HortTechnology, 8, 495-498.

[5] Marsh D. B. e Paul K. B. (1988) HortScience, 23, 141-142.

[6] Leskovar D. I. e Vavrina C. S. (1999) Scientia Hort., 80, 133-143.

[7] Walter S. A., Riddle H. A. e Schmidt M. E. (2005) J. Veg. Sci., 11, 4755.

[8] Shaw L. N. (1993) HortTechnology, 3, 418-420.

[9] Styer R. C. e Koranski D. S. (1997) Plug and transplant production: a grower's guide. Bell Publ., Batavia, IL

[10]Franco J. A. e Leskovar D. I. (2002) J. Am. Soc. Hort. Sci., 127, 337342.

[11]Leskovar D. I. (1998) HortTechnology, 8, 510-514.

[12]Shankara S Hebber. (2011) Cultivo protegido de capsicum. Técnica Boletim No. 22. Instituto Indiano de Investigação em Horticultura

[13] Yadav R. K., Kalia P., Choudhary H. e ZakirHusainandBrihama Dev. (2014) International. J. of Agri. and Food Sci. Tech., 5, 191-196.

CAPÍTULO 2

Produção comercial de produtos hortícolas em condições protegidas

[1]Dilpreet Talwar ,[1]Kulbir Singh,[2] Rakshanda Anayat, [3]Shahnaz Mufti,[2] Rehana Rasool [4]Zahida Rashid

[1] *Departamento de Ciências Vegetais, Universidade Agrícola de Punjab, Ludhiana Pin-141004*

[2]Faculdade *de Agricultura (FoA), Wadura, SKUAST-Caxemira,*

[3]Faculdade *de Horticultura (FoH), Shalimar, SKUAST-Caxemira*

[4]DARS *Budgam, SKUAST- Caxemira*

INTRODUÇÃO

A Índia é o segundo maior produtor de produtos hortícolas do mundo, a seguir à China, com uma produção de 90,8 milhões de toneladas numa área de 6,0 milhões de hectares. Atualmente, a maior parte da produção de produtos hortícolas é praticada ao ar livre durante a estação principal, o que provoca um excesso de oferta no mercado, conduzindo assim à queda dos preços. Além disso, o norte da Índia tem temperaturas extremamente baixas durante o inverno e altas durante o verão, pelo que a disponibilidade da maioria dos produtos hortícolas é curta. Esta situação sugere-nos que modifiquemos o microclima, o que não só aumentará o período de disponibilidade como também o seu rendimento. Para isso, podem ser utilizadas várias estruturas/tecnologias de proteção (casas de rede, cultura sem solo, etc.) e salvar as culturas de stresses abióticos e bióticos.

A prática da cultura protegida é uma técnica de cultivo em que o microclima que rodeia o corpo da planta é parcial ou totalmente controlado em função das necessidades dos produtos hortícolas. Esta tecnologia é moderna e de capital intensivo, mas tem capacidade para aumentar a produtividade dos produtos hortícolas em muitas vezes e também para melhorar a qualidade dos produtos hortícolas. Os produtores podem aumentar substancialmente o seu rendimento através do cultivo protegido de produtos hortícolas na época baixa, uma vez que os produtos hortícolas assim produzidos obtêm bons rendimentos, pois estão disponíveis nos mercados durante a época baixa. Atualmente, esta tecnologia é largamente utilizada pelos agricultores desempregados com formação académica. A cultura protegida é muito popular em todo o mundo devido ao facto de as culturas de elevado valor serem cultivadas nestas estruturas. Para o cultivo de culturas, são necessárias condições climáticas adequadas, mas atualmente o clima mudou. As condições climáticas adversas, como o calor extremo e as vagas de frio, reduzem a produção e a produtividade das culturas. Durante o inverno, no norte da Índia, é extremamente difícil cultivar legumes em campo aberto. Com efeito, os produtos hortícolas são muito sensíveis às condições climáticas. Durante o verão e o inverno no Norte da Índia, é extremamente difícil cultivar produtos hortícolas em campo aberto; no entanto, foram desenvolvidos vários tipos de estruturas protegidas para o cultivo contínuo de algumas culturas de elevado valor, proporcionando condições ambientais favoráveis e proteção contra o calor e o frio excessivos. Nas regiões superiores dos Himalaias, a maioria da população vive em zonas rurais e depende principalmente (70%) de actividades agrícolas para o seu sustento e prosperidade. O sistema de produção agrícola está limitado a uma altitude de 2400 m em relação ao nível médio do mar, uma vez que as regiões de elevada altitude têm um clima muito rigoroso e uma estação agrícola curta[1]. A situação agro-ecológica das colinas oferece um grande potencial para o cultivo de produtos hortícolas fora de época e aumenta o rendimento agrícola através da adoção do cultivo protegido, em que o microclima que rodeia o corpo da planta é controlado total ou parcialmente em função das necessidades da espécie vegetal cultivada[2]. [2] As estufas são o meio mais eficaz de superar a diversidade climática. A produção de produtos hortícolas em estufa utiliza os recentes avanços tecnológicos para controlar o ambiente de modo a maximizar a produtividade das culturas em percentagem da área e aumentar a qualidade dos produtos hortícolas[3]

A ideia principal por trás do cultivo protegido é fornecer alimentos seguros e de alta qualidade à nossa população. Ao escolher uma estrutura protegida, é importante ter em consideração o clima local. Para tal, é necessário dispor de dados sobre factores climáticos como a temperatura, a radiação solar, a humidade relativa, o vento forte, etc., bem como sobre o solo, a água, a acessibilidade da área e as oportunidades de transporte e comercialização. O solo deve ser fértil e ter uma boa estrutura. É muito importante dispor de água de irrigação suficiente e de boa qualidade para irrigar. Para isso, o produtor deve drenar o excesso de água para evitar o alagamento, especialmente durante a estação das chuvas.

Existem vários tipos de estruturas protegidas e tecnologias de produção que podem ajudar a cultivar diferentes produtos hortícolas na época baixa. As infra-estruturas incluem estufas climatizadas e naturalmente ventiladas para culturas hortícolas, casas de rede, viveiros e sistemas de irrigação gota a gota.

Mulching

Mulch é um termo geral para uma cobertura protetora do solo que pode incluir estrume, lascas de madeira, algas, folhas, palha, gramíneas, areias, pedras (pedregulhos), plásticos sintéticos e outros produtos naturais. O termo mulching pode ser definido como a prática de cobrir a superfície do solo com estes materiais para reduzir a evaporação e também para moderar as grandes flutuações diurnas da temperatura do solo, especialmente no ambiente da zona radicular. Controla a evaporação externa e reduz igualmente o fornecimento de energia ao local de evaporação, cortando a radiação solar que incide sobre o solo. A sua principal função limita-se ao controlo da primeira fase de secagem, o que contribui para melhorar o estado de humidade e reduzir a temperatura do solo [4], para além de controlar a mortalidade das plântulas e melhorar o estande da cultura. Também suprime a flora infestante e reduz a competição das ervas daninhas com a cultura por água e nutrientes, tornando-os disponíveis em maiores quantidades para as plantas cultivadas. Além disso, a cobertura morta ajuda a aumentar o movimento descendente da água. O seu armazenamento nas profundezas dos perfis evita a evaporação devido à redução dos gradientes térmicos e à troca de vapores. A eficácia da cobertura vegetal na conservação da humidade é geralmente mais elevada em condições de maior frequência de precipitação e de seca e também durante o período inicial de crescimento das plantas, quando o coberto vegetal é escasso. A cobertura da superfície à volta das plantas torna as condições mais propícias ao crescimento através da conservação da humidade, de um melhor controlo do dióxido de carbono e da manutenção da estrutura do solo. O mulch preto é mais popular, pois controla as ervas daninhas sob a superfície. Além disso, as películas prateadas e brancas são utilizadas com êxito para repelir os pulgões e a mosca branca, respetivamente.

Seleção de coberturas orgânicas

Material	Profundidade de aplicação	Comentários
Folhas compostadas	2-3 polegadas	Decompõe-se rapidamente. Adiciona húmus e alimentos ao solo
Aparas de relva	2 polegadas	Excelente cobertura vegetal. Desagrega-se rapidamente no solo
Feno	3-4 polegadas	Pouco atrativo, mas a utilização repetida acumula uma reserva de nutrientes disponíveis que dura anos. Reduz as ervas daninhas e retém bem a humidade.
Turfa	2 polegadas	Demolhar bem antes de utilizar, pois pode espalhar-se facilmente. Desagrega-se rapidamente
Musgo de turfa	1-2 polegadas	Atrativo, disponível mas caro para grandes áreas. Deve ser mantida sempre húmida.
Folhas de árvores inteiras	6 polegadas	Excelente fonte de húmus. Enraíza-se rapidamente. Alto teor de nutrientes para as plantas.
Palha	6 polegadas	O mesmo que as aparas de relva, mas com menos nutrientes, embora forneça uma quantidade considerável de potássio.
Casca	1-2 polegadas	Moído e embalado comercialmente. Especialmente atrativo nesta forma.

Túnel baixo e ambulante

As coberturas de fileiras ou túneis baixos são coberturas transparentes flexíveis que são instaladas sobre as fileiras ou canteiros individuais de vegetais transplantados para melhorar o crescimento das plantas, aquecendo o ar à volta das plantas em campo aberto durante o inverno. Podem também aquecer o solo e proteger as plantas de granizo, vento frio, ferimentos e adiantar a colheita em 30 a 40 dias em relação à estação normal. Esta tecnologia de baixo custo para o cultivo fora de época do pimento e de cucurbitáceas como o pepino, o melão, a cabaça e a abóbora de verão, etc., é adequada e pode ser bastante rentável para os produtores das regiões setentrionais do país, onde a temperatura nocturna durante o inverno é inferior a 8° C durante um período de 30-40 dias.As cucurbitáceas (abóbora, pepino e melão) respondem bem sob coberturas de fileiras, com um aumento de rendimento de até 25%[5]. Vishnuvardhana et al. [6] efectuaram um estudo sobre a economia da propagação de enxertos de caju numa câmara de nebulização, numa estufa com ventilação natural, num túnel baixo e numa rede de sombra durante o verão, a monção e o inverno. O investimento inicial para o estabelecimento da estrutura de propagação (100 m) atingiu Rs. 8.500 para a rede de sombra, Rs. 300.000 para a câmara de neblina, Rs. 36.400 para a estufa com ventilação natural e Rs. 21.000 para o túnel baixo. O lucro líquido mais elevado foi obtido com a propagação em túneis baixos, seguido da propagação numa estufa com ventilação natural, câmara de neblina e rede de sombra. Arin e Ankara Os legumes cultivados em túneis baixos registaram um aumento dos parâmetros de crescimento e rendimento do que os cultivados sem túnel [7].

O túnel de entrada é a estrutura de cultivo temporariamente protegida feita de tubos pré-galvanizados ou bambus. A estrutura é feita através da dobragem de tubos galvanizados resistentes à ferrugem, com uma espessura de meia polegada, em forma semi-circular, temporariamente aterrados para suportar a folha de plástico transparente estabilizada por UV (150-200 microns) como revestimento. No túnel de caminhada, os túneis do tamanho do homem são cobertos com filme plástico e são suficientemente altos para trabalhar e podem acomodar culturas altas, como o tomate. Estes túneis também são adequados para a criação de viveiros e culturas hortícolas fora de época. A forma mais simples de túnel é constituída por arcos de ferro sobre os quais é esticado plástico. A tecnologia de túnel é uma tecnologia simples e rentável para o cultivo de tomate, pimento, pepino, cabaça de garrafa, cabaça amarga, melão, etc. durante a estação do inverno. Quando a luz do sol penetra no interior do túnel, a temperatura aumenta cerca de 3-10°C, o que faz com que estas culturas de estação quente possam ser cultivadas com sucesso durante o inverno. Este túnel é amplamente utilizado para o cultivo de repolho, couve-flor, espinafre, coentro, feno-grego, etc. durante a estação chuvosa, pois protege a cultura da luz solar direta e chuvas fortes

Estufas naturalmente ventiladas

A temperatura e a humidade no interior da estufa são mais elevadas do que as condições exteriores, o que melhora a fotossíntese e o crescimento uniforme das plantas [8,9]. As estufas ventiladas naturalmente são estruturas protegidas em que não existem dispositivos de aquecimento ou arrefecimento para o controlo do clima. No entanto, são adoptadas técnicas simples para aumentar ou diminuir a temperatura e a humidade. Mesmo a intensidade da luz pode ser reduzida através da incorporação de materiais de sombreamento como redes. A temperatura pode ser reduzida durante o verão, abrindo as paredes laterais. Trata-se de estufas simples e de custo médio, que podem ser construídas com um custo de Rs.500-600/ m^2 Estas estufas podem ser utilizadas com sucesso e de forma eficiente para o cultivo de pepino, tomate e pimento doce partenocárpicos durante todo o ano. Estas estruturas dispõem de um sistema de ventilação cruzada acionado manualmente. Tendo em conta a procura crescente, ao longo de todo o ano, de pepino fatiado partenocárpico de alta qualidade nos mercados das grandes cidades do país, esta é uma das culturas mais adequadas e rentáveis para o cultivo em estufas com ventilação natural nas zonas periurbanas do país. Três culturas de pepino podem ser cultivadas numa estufa naturalmente ventilada num período de nove meses. As culturas do tomate e do pimentão podem ser cultivadas com sucesso nestas estufas durante um período de 8 a 9 meses, dando maior rendimento e boa economia.

Estufas com controlo semi-climático

Os utilizadores de estufas preferem ter um sistema de controlo manual ou semi-automático devido ao investimento mínimo. Este tipo de estufa é construído com tubos de ferro galvanizado (G.I). Toda a estrutura é firmemente fixada ao solo para suportar as perturbações do vento. Para o controlo da temperatura, estão previstos ventiladores de exaustão com termóstato. Para manter uma humidade favorável no interior da estufa, são também instalados sistemas de arrefecimento por evaporação e de nebulização. O custo deste tipo de estufa é de Rs. 1400-1500 por metro quadrado. Como estes sistemas são semi-automáticos, requerem muita atenção e cuidado, e é muito difícil e incómodo manter um ambiente uniforme durante todo o período de cultivo. Os produtos hortícolas de alto valor, como o tomate cereja e os pimentos coloridos, podem ser cultivados durante muito tempo.

Estufas climatizadas de alta tecnologia

Este tipo de estufa é construído para alcançar um grau mais elevado de controlo climático para melhorar o período de cultivo das culturas. O arrefecimento evaporativo e os aquecedores são utilizados para manter as temperaturas necessárias no interior dos espaços da estufa, sempre que necessário. A estufa é constituída por um sensor, um comparador e um operador. A temperatura, a humidade e a luz são controladas automaticamente. Estas estufas são principalmente utilizadas para o cultivo de pepino partenocárpico, tomate cereja e pimentão colorido durante um longo período de tempo. É a estrutura mais dispendiosa de todas as estruturas protegidas, uma vez que é utilizada a mais recente tecnologia e todas as operações são operadas por computadores, ou seja, irrigação, fertirrigação, controlo da temperatura, subida e descida das paredes de plástico, etc. Nestas estruturas são produzidas culturas de elevado valor. Devido ao custo mais elevado, a adoção destas estruturas é muito reduzida, mas a produção no âmbito destas estruturas é superior à de outras estruturas protegidas.

Cultura líquida de produtos hortícolas

A cultura em estufa é uma boa alternativa, na qual os produtos hortícolas são produzidos com uma utilização mínima de pesticidas. O cultivo de produtos hortícolas em estufa pode desempenhar um papel importante na melhoria da qualidade, no avanço da maturidade, bem como no aumento da frutificação e da produtividade. A casa de rede é uma estrutura emoldurada que consiste em tubos GI cobertos com uma rede estabilizada com raios ultravioleta (UV) de 40 mesh, suficientemente grande para controlar a entrada de insectos voadores e proteger a cultura do ataque de insectos-praga e doenças. Para obter o máximo aproveitamento da luz solar, a casa-rede deve ser construída de preferência na direção Este-Oeste. Até agora, a Universidade Agrícola de Punjab recomendou o cultivo precoce de pimento, tomate e couve-galega em estufas de rede sem risco de vectores. Estas estruturas são menos dispendiosas do que as estruturas acima referidas. Protegem as culturas das radiações ultravioletas nocivas e de algumas radiações infravermelhas. Além disso, protege as plantas das temperaturas extremas do verão e ajuda a manter a humidade do ar e do solo [10]. As redes de sombra foram utilizadas para a proteção de culturas valiosas contra o excesso de luz solar, o frio, a geada, o vento e os insectos/aves [11].

Produção por micro-irrigação e fertirrigação

Tem uma aplicabilidade mais alargada nos produtos hortícolas. Os produtos hortícolas são de crescimento rápido, vigorosos e a maior parte dos sistemas radiculares está confinada apenas à camada superior do solo. Assim, os produtos hortícolas são muito sensíveis ao stress hídrico. Também devido à plantação espaçada, a microirrigação pode ser um método eficaz e economicamente viável para a irrigação de produtos hortícolas. O sistema em combinação com a fertirrigação é muito útil para poupar água de rega, fertilizantes e melhorar a qualidade dos produtos hortícolas. O sistema é obrigatório em sistemas de produção de produtos hortícolas de alta tecnologia.

Algumas cultivares importantes de produtos hortícolas cultivadas em estufa poli/rede

Quadro 2: As variedades de legumes recomendadas para a cultura protegida

Cultura	Variedades	Principais caraterísticas	Rendimento/acre
Tomate	Punjab Gaurav	Os frutos são ovais, de tamanho médio (90 g), muito firmes e com a extremidade pontiaguda, agrupados em cachos de oito a nove	934q
	Punjab Sartaj	Os frutos são redondos, de tamanho médio (85 g) e firmes; nascem em cachos de cinco a seis. Também tolerante ao vírus do enrolamento das folhas	898q
	Cereja vermelha de Punjab	Os frutos são redondos, de cor vermelha intensa, em cachos de dezoito a vinte, com um peso médio de 12g. Também tolerante ao vírus do enrolamento das folhas	437q
	Cereja de Punjab Sona	Os frutos são ovais, de cor amarela, agrupados em cachos de vinte a vinte e cinco, com peso médio de 11 g	425q
	Cereja de Punjab Kesar	Os frutos são ovais, de cor alaranjada, agrupados em cachos de dezoito a vinte e três, com um peso médio de 11 g	402q
Pimentão	PSM-1	Frutos de cor verde	246 q/acre - estufa de polinetes 82q/acre - cultura em túnel baixo
	Indra	Frutos de cor verde	580
	Orobelle	Frutos de cor amarela	315
	Bomba	Frutos de cor vermelha	322
Brinjal	PBHR-41	Os frutos são redondos, de tamanho médio-grande, brilhantes e de cor púrpura profunda com cálice verde	376
	PBHR-42	Os frutos são ovais-redondos, de tamanho médio-grande, brilhantes e de cor preta púrpura com cálice verde	360
Cucumbe r	Punjab Kheera-1	As flores são partenocárpicas e os frutos são verde-escuros, sem sementes, sem amargor, de tamanho médio (125 g), com 13-15 cm de comprimento e não necessitam de ser descascados. A primeira colheita de frutos é possível após 45 e 60 dias de sementeira nas culturas de setembro e janeiro.	304 q/acre e370 q/acreem Culturas semeadas em setembro e janeiro

As práticas culturais recomendadas para os produtos hortícolas cultivados em estufa são apresentadas no quadro 2.

Quadro 3: Práticas culturais de produtos hortícolas cultivados em estufa

S. Não .	Práticas culturais	Tomate	Pimentão	Brinjal	Pepino
1	Época de sementeira	Médio setembro	Fim de setembro	Época das chuvas: Meados de junho, estação do outono: Meados de setembro e primavera: Fim de novembro	A primeira cultura deve ser semeada na última semana de agosto Segunda cultura

					a sementeira deve ser efectuada no final de dezembro
2	Tempo de transplante	Médio outubro	Final de outubro	Um mês após a sementeira	Um mês após a sementeira
3	Taxa de sementeira por acre	40g	120g	160g	12000-13000 mudas
4	Espaçamento	0,90m x 0.30m	0, 90mx 0.30m	0,90m x 0,30m	Padrão de fileiras emparelhadas com 45-50 cm x 30 cm com transplante em ziguezague

Precauções para o cultivo protegido

- Tapar todos os buracos das portas e das paredes da casa de rede de polietileno. Fixar corretamente a rede no solo para evitar a entrada de insectos.
- Utilizar um sistema de porta dupla na casa das redes. Fechar sempre a porta corretamente ao entrar na casa das redes.
- Inspecionar regularmente a casa da rede de polietileno para verificar o seu desgaste.
- Vigiar regularmente a cultura para verificar a entrada acidental de insectos-praga. Em caso de infestação, destruir imediatamente as folhas, os rebentos ou os frutos infestados.
- Remova as folhas secas e caídas em intervalos frequentes.
- Esterilizar o solo numa casa de rede de polietileno com uma solução de formalina a 2%. Misturar 20 ml de formalina num litro de água e encharcar o solo com a solução a 4-5 litros/m^2 . Cobrir o solo com um lençol de polietileno durante 48-72 horas. Em seguida, remover o lençol e agitar o solo durante 3-4 dias para a eliminação completa da formalina antes de transplantar a cultura.

Conclusão

Os agricultores podem cultivar diferentes produtos hortícolas adequados, desde que a estufa seja corretamente concebida e equipada para controlar os parâmetros climáticos. É necessário descobrir as lacunas da investigação e formular recomendações claras para o tratamento global dessas lacunas no domínio da cultura protegida através de instituições governamentais e não governamentais. A política governamental, a investigação e o desenvolvimento devem centrar-se no desenvolvimento de uma tecnologia de estufa eficiente, rentável e produtiva, baseada nas nossas próprias condições agro-climáticas, na capacidade dos agricultores e nas necessidades dos consumidores. Ainda há muito a fazer para maximizar o rendimento e a rentabilidade e, para isso, o trabalho de investigação e desenvolvimento deve ser feito com base na cooperação pública, privada e dos agricultores.

Referências

[1]Negi VS, Maikhuri RK, Rawat LS, Parshwan D. Protected cultivation as an option of livelihood in mountain region of central Himalaya, India [2]Kumar N, Bhatt RP, Biswas VR. High altitude vegetable farming: status and prospectus. In: Gupta HS, Srivastva AK, Bhatt JC, editores. Sustainable production from agricultural watershed

in North West Himalaya. VPKS, 2006, 226-239.

[3]Wani KP, Singh PK, Amin A, Mushtaq F, Dar ZA. Cultivo protegido de tomate, pimento e pepino nas condições do vale de Caxemira. Asian Journal of Science and Technology. 2001; 1(4):056-061

[4}Loy, J.B. e Wells, O.S. (1975). Resposta do muskmelon híbrido a coberturas de polietileno em linha e cobertura morta de polietileno preto. ScientiaHort; **3**: 223230.

[5] Helbacka, J. (2002). Row covers for vegetable gardens. King County Coop. Extn. Ser., Washington State Univ., Fact Sheet No. 19, USA

[6]Vishnuvardhana, Lingaiah, H. B., Khan, M. M., Raju, G. T. (2004). Economia da produção de enxertos de caju em diferentes estruturas de propagação na zona seca oriental de Karnataka. Caju, 18, 39-44

[7]Arin, L., Ankara, S. (2001). Efeito do túnel baixo, da cobertura vegetal e da poda no rendimento e na precocidade do tomate em estufa sem aquecimento. J. Appl. Hort., Lucknow, 3, 23-27.3

[8] Palni LMS. Técnicas simples e amigas do ambiente para o bem-estar dos Himalaias e dos seus habitantes. In: Agarwal CM, editores. Man, culture and society in the Kumaun Himalaya. Shree Almora Book Depot, Almora, 1996, 270-290.

[9]Palni LMS, Rawat DS. Simple technologies for capacity building and economic upliftment of women in mountains. Documento apresentado no Congresso Indiano de Ciência, 2007, 3-7.

[10]Maikhuri RK, Rawat LS, Negi VS, Purohit VK. Eco-friendly appropriate technologies for sustainable development of rural ecosystems in Central Himalaya. GB Pant Institute of Himalayan Environment and Development, 2007b

[11]Takte RL, Ambad SN, Kadam US, Dhawale BC. Estufa cloddingmaterial shade nets ventilation etc. In: Proceedings of All India on Seminar Potential and Prospects for Protective Cultivation, Organizado pelo Instituto de Engenheiros. Ahmednagar, 2003, 117-119

CAPÍTULO 3

MALAGUETA - UMA CULTURA COMERCIAL DE ESPECIARIAS DA CAXEMIRA

Nayeema Jabeen. A.R.Trag, S.A.Wani, e Ahmed, N.
Divisão de Ciências Vegetais
Universidade de Ciências e Tecnologias Agrícolas de Sher-e-Kashmir (K)
Campus de Shalimar Srinagar-191 121 (J&K)

INTRODUÇÃO

A malagueta (*Capsicum annuum* L.) é o fruto das plantas do género Capsicum, pertencente à família das Solanáceas. Esta cultura é originária do México, na América Central. Atualmente, a malagueta é cultivada em todo o mundo, sendo amplamente utilizada em muitas cozinhas como especiaria e em farmácia para a extração de compostos bioactivos conhecidos como capsaicinóides. Os frutos da malagueta contêm grandes quantidades de compostos benéficos, incluindo hidratos de carbono, minerais, proteínas, aminoácidos, antioxidantes, fitoquímicos e vitaminas [1]. Nos últimos anos, a procura de malaguetas saudáveis, abundantes em nutrientes, ecológicas e saborosas tem vindo a aumentar e, proporcionalmente, a produção está a expandir-se gradualmente em muitas regiões do mundo. Por exemplo, a produção de malagueta seca aumentou de 1,4 milhões de toneladas em 1980 para 4,6 milhões de toneladas em 2017 no mundo (FAO, 2019), a maior parte desta cultura tem sido produzida na Ásia. A Ásia é o principal produtor e exportador de pimenta malagueta, de facto, é produzida como uma importante cultura comercial em muitos países. Três países asiáticos produzem a maior parte da malagueta na região, nomeadamente, a Índia - 2.096 mil toneladas, a Tailândia - 349,6 mil toneladas e a China - 314 mil toneladas A Coreia ocupa o quarto lugar na produção de malagueta verde entre os países asiáticos, produzindo 221,9 mil toneladas em 2017, de acordo com as estatísticas da FAO

A malagueta é considerada uma das culturas comerciais de especiarias. É a especiaria universal mais utilizada, designada por especiaria maravilhosa. São cultivadas diferentes variedades para diversas utilizações, como legumes, pickles, especiarias e condimentos. Na vida quotidiana, a malagueta é o ingrediente mais importante em muitas cozinhas diferentes em todo o mundo, uma vez que acrescenta pungência, sabor, aroma e cor aos pratos. A malagueta indiana é considerada mundialmente famosa por duas qualidades comerciais importantes, nomeadamente a sua cor e os seus níveis de pungência. Algumas variedades são famosas pela cor vermelha devido ao pigmento e outros parâmetros de qualidade da malagueta são o comprimento, a largura e a espessura da pele. Os micronutrientes, que incluem os minerais, as vitaminas, os antioxidantes, os fitoquímicos e os oligoelementos, são indispensáveis para promover uma boa saúde. Em contraste com os macronutrientes, que incluem gorduras, proteínas e hidratos de carbono, os micronutrientes são necessários em quantidades mais pequenas e é por isso que são conhecidos como "micro" nutrientes [2,3]. Os micronutrientes desempenham papéis vitais no desenvolvimento e crescimento normais desde a fase inicial da vida e, por isso, uma criança deve consumir uma quantidade considerável de nutrientes essenciais para a manutenção dos processos vitais. Entre os vários legumes disponíveis em todo o mundo, os pimentos, também conhecidos como malaguetas, são amplamente considerados uma fonte equilibrada da maioria dos nutrientes essenciais. Os pimentos foram reconhecidos como boas fontes de minerais, provitamina A, vitaminas C e E, carotenóides e compostos fenólicos, metabolitos com propriedades antioxidantes reconhecidas que influenciam positivamente a saúde humana (Materska & Perucka, 2005; Sun, Powers, & Tang, 2007). A integração de uma dieta rica em pimentos pode, por conseguinte, ser útil na procura contínua de atenuar as carências de micronutrientes.

Importância da malagueta

❖ A malagueta, conhecida como pimento picante, é um complemento indispensável em todas as casas

❖ Especialmente apreciado pela sua pungência, sabor picante e cor vermelha.

❖ Contém um alcaloide cristalino e incolor, a capsaicina, que é estimulante, alterador, rubefaciente, carminativo e anticoagulante.

❖ A indústria farmacêutica utiliza a capsaicina como um bálsamo anti-irritante para aplicação externa.

❖ A cor vermelha dos frutos é devida ao pigmento carotenoide, do qual a capsantina é o mais importante.

❖ Os frutos verdes são valiosos devido à sua riqueza em ácido ascórbico

❖ Os frutos contêm igualmente um óleo fixo, denominado oleorresina, que está a ganhar importância, especialmente do ponto de vista da exportação (qualidade uniforme, prazo de validade mais longo, ausência de microrganismos e menores custos de transporte)

❖ A oleorresina de malagueta tem uma grande procura na indústria farmacêutica e alimentar.

❖ Utilização não convencional da malagueta - sprays de auto-defesa

Importância da malagueta de Caxemira

❖ As pimentas de Caxemira são conhecidas pela sua cor vermelha brilhante e pungência moderada, pelo que são famosas em produtos industriais e transformados

❖ Nos últimos anos, várias indústrias de pequena escala em vários distritos do vale de Caxemira estão a transformar, embalar e exportar malagueta em pó de excelente qualidade e a ganhar milhões de rupias.

❖ Centenas de toneladas de malagueta seca são também exportadas para cidades metropolitanas como Deli, Bombaim e outras cidades do norte da Índia, para serem misturadas com outras variedades e darem uma cor rica ao pó.

Área, produção, produtividade e principais zonas de cultivo em J&K (2006-07)

Província	ÁREA(ha)	Produção Frutos vermelhos maduros(t)	Produtividade	Distritos principais
Caxemira	1685.00	12469.00	7.4	Srinagar, Pulwama e Budgam,
Jammu	850.00	9555.00	11.24	Jammu, Kathwa, Udhampur,
Total	2535.00	22204.00	9.32	-

Fonte: Departamento de Agricultura do Governo de J&K

Área e produção de malagueta em Jammu e Caxemira ao longo dos anos

Ano	Área (ha)	Produção (toneladas)
1991	1800	10800
1999	3078	23000
2007	2535	22204

Razões para o declínio da área cultivada com malagueta

A produção de malagueta, tanto a nível mundial como nacional, depara-se com muitos desafios. Na Índia, a produtividade da malagueta estagnou durante vários anos devido a muitas razões. A baixa produtividade das cultivares, as alterações climáticas, a gestão e utilização inadequadas dos recursos genéticos, a falta de sementes de boa qualidade, o aumento da suscetibilidade às principais pragas de insectos e doenças e às pressões abióticas são os principais constrangimentos que exigem grande preocupação.

i. **Alterações climáticas** Tal como outras culturas, a malagueta é muito sensível a tensões abióticas, como a temperatura elevada, a precipitação e a humidade, que provocam um forte stress no crescimento e prejudicam a produção agrícola. As temperaturas elevadas provocam a redução da frutificação e do tamanho dos frutos e aumentam os ataques de insectos às culturas. A alteração das condições ambientais, como o aumento da humidade, conduz a um fenómeno crescente de doenças transmitidas por vectores [5]. Por conseguinte, é mais do que tempo de nos concentrarmos no desenvolvimento de modelos climáticos para analisar as alterações e a variabilidade das condições climáticas e os seus possíveis efeitos na produção de malagueta.

ii. **Baixa produtividade das cultivares** Estima-se que 2,6% da área de pimentão seja cultivada com híbridos, contra 90% nos EUA e noutros países desenvolvidos. A baixa produtividade pode ser atribuída à suscetibilidade das variedades de elevado rendimento a várias doenças e pragas. Além disso, a Índia carece de híbridos F1 de alto rendimento e de alta qualidade. Assim, a produção pode ser maximizada através do desenvolvimento de variedades/híbridos mais adequados e de tecnologias apropriadas de produção e proteção.

iii. **Menos conhecimento** A produção de malagueta no nosso país é em grande parte assegurada por genótipos disponíveis localmente ou variedades de polinização aberta, em vez de híbridos F1, devido a actividades de extensão deficientes, à ignorância dos agricultores e ao elevado custo das variedades/híbridos melhorados.

- A área cultivada com malagueta diminuiu para 2535 ha devido à invasão fúngica da murcha *de Fusarium* em J&K
- Assumiu uma proporção séria durante os últimos anos, 70 a 97% das perdas são causadas apenas pela doença da murchidão e representou um desafio formidável para os produtores de malagueta

Principais distritos de produção de malagueta no Estado

1). Srinagar (2). Pulwama (3). Budgam (4). Baramulla

Cerca de 60-70 % da superfície cultivada com malagueta no Estado de J&K. Apenas 30-40 % da superfície se situa na província de Jammu

Época de cultivo:

Divisão de Caxemira

- Principalmente cultivada como cultura Kharief
- As sementeiras começam em março-abril
- Transplantado em maio-junho
- Os frutos vermelhos maduros são colhidos em setembro-outubro

Divisão de Jammu

- Em certas regiões, as sementes são também semeadas em janeiro-fevereiro
- Tansplantada em março
- Pimentos verdes colhidos em maio-junho
- Os frutos vermelhos maduros são colhidos em julho-agosto

Rendimento e caraterísticas dos frutos das variedades cultivadas no Estado de J & K

Divisão	Variedades	Desenvolvido (Ano de lançamento)	Cor da fruta	Pungência	Forma e tamanho do fruto	Rendimento de frutos secos (q/ha)
Caxemira	Caxemira Local	Cultivar local popular	Vermelho escuro	Elevado	Comprido (12 a 15 cm), grosso e com ombros largos	12-15
	Shopian Local	Cultivar local popular	Vermelho escuro		Longo médio, grosso	15-18
	Pampori Local	Cultivar local popular	Vermelho escuro	Médio	Curto, cónico (6-8cm)	12-15
	Shalimar Long	Cultivar popular local	Vermelho vivo	-fazer-	Longo, fino, (10-12cm) (11,2cm) dobrado na altura da floração	15-20
	Caxemira Longo - 1	SHST(2001) Libertado pelo Comité Central de Libertação de Variedades	Vermelho vivo	-fazer-	Comprido, (1,214cm) de espessura média (1,21,4cm) com elevada percentagem de secagem (24%) e	25-30

					com elevada retenção de cor	
Jammu	Pusa Jwala	IARI	Vermelho	Elevado	Longo, fino (0,8-1,0cm)	12-15
	NP-46	IARI	Vermelho	-fazer-	Longo (10-12 cm) e fino, pontiagudo	10-12
	Jammu Local	Cultivar local	Vermelho	-fazer-	Curto (5-7cm) longo cónico	8-10

Genótipos de qualidade identificados em SKUAST-K

S. Não	Nome do ensaio	Nome das linhas promissoras	Gama de atributos de qualidade
A.	**Pimentos**		
1.	Cor dos frutos maduros (unidades ASTA)	SH-C-106, SH-C-502, SH-C-102, SH-C-101, SH-C-114.	120-180
2.	Pungência (mg/100g)	SH-C-106, SH-C-108, SH-C-192, SH-C-291, SH-C-100.	0.34-0.09
3.	Ácido ascórbico (mg/100g)	SH-C-106, SH-C-502, SH-C-102, SH-C-101, SH-C-114.	144.5-191.0
4.	Espessura do pericarpo (mm)	SH-C-102, SH-C-618, SH-C-114, SH-C-105, SH-C-104	1.22-1.31
5.	Resistente à murcha de Fusarium	SH-C-502, SH-C-106, SH-C-1154, SH-C-404, SH-C-1111	Moderado elevado
B.	**Paprika**		
1.	Cor de frutos vermelhos (frutos vermelhos maduros unidades ASTA)	SH-P-3, SH-P-7, SH-P-29, SH-P-37, SH-P-141	181-225
2.	Baixa pungência (mg/100g)	SH-P-3, SH-P-37, SH-P-211, SH-P-24, SH-P-32	0.09-0.18
3.	Ácido ascórbico (mg/100g)	SH-P-7, SH-P-29, SH-P-208, SH-P-219, SH-P-24	121.45 142.21
4.	Espessura do pericarpo (mm)	SH-P-7, SH-P-37, SH-P-208, SH-P-1, SH-219	2.43-2.66
5.	Resistente à murcha de Fusarium	SH-P-29, SH-P-20, SH-P-5, SH-P-19 (Amarelo), SH-P-444	Moderado elevado

Variedades/híbridos de malagueta e pimentão em preparação, desenvolvidas pela Divisão de Ciências Vegetais, SKUAST-K, Shalimar

Nome da linha	Atributos especiais	Rendimento médio (q ha)$^{-1}$
Variedades		
SH-C-1 (PC)	Cacho roxo ornamental com especiarias, pungente.	131.00
SH-C-101	Fruto comprido, fino, reto, vermelho vivo, medianamente picante.	288.00
SH-C-108	Frutos compridos, grossos, de cor vermelha viva, medianamente picantes	223.00
SH-C-115	Frutos de tamanho médio, espessos e de cor vermelha viva, picantes	275.00
SH-C-405	Frutos cor de laranja, em cacho, medianamente finos, ornamentais e com especiarias pungentes	120.00
SH-C-1003	Frutos compridos e finos, de cor vermelha escura e média, picantes.	257.00
SH-C-1111	Frutos erectos, de comprimento médio, vermelho vivo, pungentes e resistentes à murcha de Fusarium	200.00
SH-C-502	Frutos longos e finos, de cor vermelha viva, medianamente picantes e resistentes à murcha de Fusarium	206.00
HÍBRIDOS		
SH-HPH-1	Frutos de comprimento médio, finos, de cor vermelha viva, pungentes e resistentes à murcha de Fusarium	268.00
SH-HPH-2	Frutos longos e finos, de cor vermelha viva, pungentes e resistentes à	289.00

	murcha de Fusarium	
PAPRIKA		
SHP-7	Frutos compridos, espessos e de cor vermelha viva, de pungência ligeira.	182.00
SHP-201	Vermelho vivo, médio e espesso, de pungência ligeira.	205.00

Tipo de solo

Os solos franco-arenosos ou franco-argilosos bem drenados, ricos em matéria orgânica e cal, são os mais adequados para a produção de malagueta. Os solos ácidos e alcalinos não são adequados para a produção de sementes de malagueta. Os solos franco-argilosos bem drenados são considerados ideais. O pH ideal do solo para o pimentão é de 6,0-6,5.

Clima

A malagueta pode ser cultivada tanto em zonas tropicais como subtropicais, a altitudes que vão desde o nível do mar até 2000 metros acima do nível médio do mar. As temperaturas entre 20 e 25°C são ideais para a produção de malagueta, mas esta é suscetível a geadas. Um clima quente e húmido com precipitação moderada (60-120 cm) favorece o crescimento, enquanto o clima seco aumenta a maturidade dos frutos

- o A cultura é cultivada numa grande variedade de solos
  - ❖ argilo-arenoso - Caxemira
  - ❖ franco-arenoso -Jammu
- o Dá-se bem em solos bem drenados e ricos em matéria orgânica.
- o As malaguetas de Caxemira têm requisitos climáticos específicos, só se dão bem em temperaturas moderadas de 20-30°C.
- o O crescimento das plantas, a frutificação e o desenvolvimento da cor são excelentes em condições ideais de temperatura fresca de verão, resultando em rendimentos muito elevados e frutos de qualidade ricos no pigmento carotenoide capsantina.

FOTO 1:- Variedades de malagueta e pimentão em preparação, desenvolvidas pela Divisão de Ciências Vegetais, SKUAST-K, Shalimar

FOTO 2:-Híbridos de malagueta e pimentão em preparação, desenvolvidos pela Divisão de Ciências Vegetais, SKUAST-K, Shalimar

Criação e plantação de viveiros

- As plântulas são geralmente criadas em março-abril

- ❖ camas quentes,
- ❖ túneis,
- ❖ trincheiras,
- ❖ canteiros elevados
- ❖ polihouses.
- o Taxa de sementeira: 1-1,5kg/ha
- o Plântulas de 6-8 semanas de idade transplantadas em maio-junho
- o Espaçamento: 45cm x 30cm

Práticas culturais

- o Imediatamente após o transplante, é feita uma irrigação ligeira
- o Posteriormente, com um intervalo de 12-15 dias.
- o É tomado cuidado para fornecer uma drenagem adequada e evitar o alagamento, o que evita a incidência de doenças transmitidas pelo solo, especialmente a murcha *de Fusarium.*
- o monda e sacha regulares
- o A ligação à terra em solos pesados é efectuada 30-40 dias após a transplantação.

Necessidade de adubos e fertilizantes para a malagueta

Variedades	Fertilizante inorgânico	Adubos orgânicos
Caxemira Local Pampori Local	90:60:60 kg NPK/ha	15-20t/ha
Shalimar Long	120:83:60 kg NPK/ha	20-25t/ha
Caxemira Longa-1	130:120:60 kg NPK/ha	20-25t/ha

a. A dose recomendada de estrume bem decomposto e У2 de azoto e a dose completa de P e K são aplicadas como dose basal Rest Ц N é aplicado como cobertura em duas doses divididas, ou seja, % a 30-40 dias após o transplante, mas antes do aterramento

b. Outra % na fase de pré-floração.

c. A pulverização de ureia à taxa de 0,5-1,0% também é considerada eficaz no aumento da produção final de frutos.

Stress biótico e abiótico

Embora as plantas cultivadas tenham estabelecido uma série de mecanismos de defesa estruturais, químicos e também baseados em proteínas contra vários agentes patogénicos [6], sabe-se que a malagueta é propensa a numerosas doenças, pragas e restrições fisiológicas que limitam a sua produção no mundo. Entre os diferentes factores de baixa produtividade, o stress biótico é o mais importante. Para além dos agentes patogénicos fúngicos e virais, que causam doenças como a antracnose, a murchidão e as manchas foliares, os insectos, em especial os sugadores, ou seja, os tripes e os ácaros, afectam negativamente o rendimento quantitativo e qualitativo da malagueta. As temperaturas elevadas, as inundações, a salinidade e a seca são alguns dos principais factores abióticos que também contribuem para a baixa produção da malagueta. As plantas hospedeiras com resistência às pragas de insectos são vistas como uma estratégia financeiramente inteligente e segura em relação ao ambiente.

Principais doenças e pragas da malagueta

Principais doenças foliares	doenças			
Doença	**Organismo casual**	**Sintomas**	**Culturais**	**Controlo químico**

Phytophthora blight	Phytophthora capsici	Murchidão das plantas e lesão negro-arroxeada na região do colo	Rotação das culturas Drenagem adequada	Tratamento de sementes@2%thiram/kg de sementes
Mancha foliar de Alternaria	Alternaria solani	Manchas circulares nos folíolos, anéis cónicos	-	Pulverização da cultura com qualquer cobre fungicide@0.3%
Mosaico de malaguetas	-	As folhas afectadas apresentam manchas amarelas e verde-escuras nas folhas Atrofiamento das plantas com redução das folhas, flores e frutos	Desbaste de plantas infectadas	Aplicar carbofurão granulado a 20-25 kg/ha, pulverizar Metasystox a 2 ml/litro de água para controlar os insectos vectores
Principais doenças transmitidas pelo solo				
Doença	**Organismo casual**	**Sintomas**	**Culturais**	**Controlo químico**
Murchidão de Fusarium	Fusairium pallidoroseun (Cooke) sace.	Encolhimento rápido e escurecimento do tecido cortical do hipocótilo. As plantas, no seu conjunto, ficam atrofiadas e permanentemente murchas.	Rotação das culturas Utilização de variedades resistentes Plantação em camalhões Evitar a irrigação Espaçamento amplo	Mergulho de mudas de raízes em carbendazim @ 0,05% 3 pulverizações com 15 dias de intervalo de metalaxil (0,01%) carbendazim (0,054%)
Podridão radicular de Rhizoctonia	Rhizoctonia[s] PP.	Morte das plântulas desde a fase inicial de germinação das sementes até à sua emergência acima do solo	Drenagem adequada	Tratamento de sementes a 2g de tirame/kg de sementes Irrigação das camas de sementes com zirame ou captana a 0,2%
Murchidão de Fusarium	Fusairium pallidoroseun (Cooke) sace.	Encolhimento rápido e escurecimento do tecido cortical do hipocótilo. As plantas, no seu conjunto, ficam atrofiadas e permanentemente murchas.	Rotação das culturas Utilização de variedades resistentes Plantação em camalhões Evitar a irrigação Espaçamento amplo	Mergulho de raízes de plântulas em carbendazim @ 0,05% 3 pulverizações com 15 dias de intervalo de metalaxil (0,01%) carbendazim (0,054%)
Podridão radicular de Rhizoctonia	Rhizoctonia[s] PP.	Morte das plântulas desde a fase inicial	Drenagem adequada	Tratamento de sementes a 2g de tirame/kg de sementes
		de germinação de sementes no		Irrigação das camas de sementes com zirame ou captana a 0,2%

		momento da emergência acima do solo		
Principais doenças transmitidas pelo solo				
Murchidão de Fusarium	Fusairium pallidoroseun (Cooke) sace.	Encolhimento rápido e escurecimento do tecido cortical do hipocótilo. As plantas, no seu conjunto, ficam atrofiadas e permanentemente murchas.	Rotação das culturas Utilização de variedades resistentes Plantação em camalhões Evitar a irrigação Espaçamento amplo	Mergulho de raízes de plântulas em carbendazim @ 0,05% 3 pulverizações com 15 dias de intervalo de metalaxil (0,01%) carbendazim (0,054%)
Podridão radicular de Rhizoctonia	Rhizoctona[s] PP.	Morte das plântulas desde a fase inicial de germinação das sementes até à sua emergência acima do solo	Drenagem adequada	Tratamento de sementes a 2g de tirame/kg de sementes Irrigação das camas de sementes com zirame ou captana a 0,2%
Principais pragas de insectos				
Bicho-da-corte	Agrotis ipsilon	As lagartas cortam a planta ao nível do solo ou abaixo dele		Aplicação de forato @ 20kgs/ha do solo antes da transplantação
Tripes	Scintothrips dorsalis	Infestam as folhas tenras e alimentam-se da seiva, causando o enrolamento das folhas		Aplicação de Metosystox @ 1,5ml/litro de água ou Melathion @ 1ml/litro de água com um intervalo de 10-15 dias

Colheita, duração da cultura e rendimento dos frutos

> Em J & K, os frutos são colhidos tanto na fase verde como na fase vermelha de maturação.

> Os frutos verdes são geralmente colhidos para o mercado de frescos,

> Os frutos vermelhos maduros são colhidos a intervalos regulares

- □ A colheita continua durante um período de cerca de 1-2 meses.
- □ Os frutos vermelhos maduros após a colheita são devidamente secos ao sol
- □ Armazenagem para consumo próprio e comercialização.

Duração e produção de frutos de diferentes variedades cultivadas em Jammu e Caxemira

Variedades	Duração	Rendimento de frutos (q/ha)		
		Verde	Vermelho maduro	Vermelho seco
Caxemira Local	140-170	150-170	100-120	12-15
Pompuri Local	140-170	150-170	100-120	12-15
Shalimar Long	150-180	200-220	120-140	15-20
Caxemira Longa-1	150-180	250-270	150-170	25-30
Pusa Jwala	130-160	200-220	130-150	13-15
NP-46-A	130-160	180-200	120-140	12-15

Jammu Local	140-160	150-170	100-120	10-12

Gestão pré e pós-colheita

- O regulador de crescimento NAA ou planofix @ 50-100 ppm é pulverizado duas vezes para aumentar a frutificação e a qualidade dos frutos.
- Para a secagem, os frutos são colhidos quando as vagens estão bem refinadas e desenvolveram uma cor vermelha profunda, uma vez que o período de crescimento é curto na própria planta.
- A retenção de água por um período de 15 a 20 dias é efectuada para induzir a maturação precoce.
- Quando a produção é grande, as vagens colhidas são espalhadas uniformemente nos companheiros, nos telhados ou no chão e secas até atingirem uma humidade inferior a 10%.
- A agitação frequente é efectuada para evitar o crescimento de bolores e obter uma secagem uniforme. Os frutos doentes e descolorados são retirados regularmente para obter produtos de qualidade.
- A secagem dos frutos também é efectuada fazendo grinaldas e pendurando-as nas janelas e nos telhados. Este método é utilizado em condições climatéricas desfavoráveis, quando a quantidade de produtos a secar é limitada.

Métodos de armazenagem

Em J&K, os pimentos são armazenados de várias formas, nomeadamente

- Sob a forma de grinaldas e penduradas nas janelas ou nos telhados.
- Armazenamento em sacos de artilharia bem ventilados.
- A malagueta também é armazenada sob a forma de pó com uma pequena quantidade de sal como conservante.

Armazenamento sob a forma de grinaldas e penduradas nas janelas ou nos telhados Armazenamento em sacos de artilharia em armazéns bem ventilados

- Tradicionalmente, os bolos de malagueta, vulgarmente conhecidos como "Wari", são preparados com malagueta em pó + especiarias como alho, cebola superior *(pran)*, cardamomo grande, Kala zeera, extractos de crista de galo (*mawel*) e óleo de mostarda.
- Neste método, as sementes e o pedúnculo das malaguetas são retirados e o pericarpo é moído até se tornar um pó fino. Uma quantidade igual de alho, cebola superior, pimenta preta, kala zeera e sal é moída até formar uma pasta fina. Em seguida, misturam-se os dois ingredientes e moem-se cuidadosamente, adicionando-se

uma pequena quantidade de óleo de mostarda para fazer bolos de malagueta, que depois são secos à sombra. Estes bolos de malagueta podem ser armazenados durante um período de dois a três anos.

Tradicionalmente, os bolos de malagueta, vulgarmente conhecidos por "Wari"

Principais limitações da produção de malagueta na Caxemira

□ Problema da murcha *de Fusarium*, da mancha foliar *de Alternaria* e do míldio *de Phytophtora* que afectam o rendimento e a qualidade.

□ As baixas temperaturas durante a primavera (março) e o outono (setembro-outubro) afectam a germinação, o crescimento e a maturação dos frutos e o desenvolvimento da cor.

□ Problema da secagem de frutos de variedades de maturação tardia.

□ Baixa retenção de cor e infecções fúngicas durante a armazenagem.

□ Falta de preços remuneradores para os produtos e rede de comercialização deficiente.

EXPORTAÇÃO DE MALAGUETAS DA ÍNDIA

A malagueta é o maior artigo de especiarias exportado da Índia e ocupa a primeira posição em termos de valor. Durante 2015-16, a malagueta exportou 24,21% em valor do total das exportações de especiarias da Índia. Os testes de qualidade obrigatórios da malagueta e dos produtos à base de malagueta tornaram a malagueta indiana mais aceitável no mercado internacional e ajudaram a atingir este nível mais elevado de exportações. O mercado da malagueta é afetado pelas flutuações sazonais dos preços, pela produção global do país, pela procura mundial, pelas existências disponíveis nos armazéns frigoríficos e pela cobertura de riscos entre as diversas variedades de malagueta. A malagueta é exportada sob a forma de malagueta em pó, malagueta seca, malagueta em conserva e oleorresinas de malagueta

Conclusão

A malagueta é apreciada pelas suas diversas utilizações comerciais e está a ganhar importância no mercado mundial. Sendo a Índia o maior produtor e exportador mundial de malagueta, é necessário dar maior ênfase às restrições emergentes que ajudarão a fazer face à deterioração da produtividade da cultura. A identificação e a exploração de novos genes de resistência continuam a ser um dos objectivos mais importantes dos programas de melhoramento do pimento. Isto inclui o rastreio de germoplasma para identificar a resistência a doenças e a pragas de insectos.

Referências

1. Olatunji e Afolayan, 2018 A adequação da pimenta malagueta (*Capsicum annuum* L.) para aliviar as deficiências dietéticas de micronutrientes humanos: Uma revisão *Nutrição em ciência alimentar* 2018 Oct 8;6(8):2239-2251.

2. Graham,R.D.,Welch,R.M.,Saunders,D.A.,OrtizMonasterio,I.,Bouis,H.E .,Bonierbale,M.,Twomlow,S.(2007).Nutritious subsistence food systems. Avanços em Agronomia, 92, 1-7 4.

3. Regan, L.B.,Keith, P.W.,& Robert, E. B (2015).The epidemiology of global micronutrient deficiencies. Anais de Nutrição e Metabolismo, 66(suppl 2), 22-33

4. Sharma R, Verma S. Environment-Pathogen Interaction in Plant Diseases (Interação Ambiente-Patógeno nas Doenças das Plantas). Agricultural Reviews. 2019; 40(3):192-199

5. Sharma R. Mecanismos de defesa do hospedeiro em doenças de plantas. In: Current Research and Innovations in Plant Pathology. Singh HK (ed), Publicações AkiNik, Nova Deli. 2020; 10:53-68.

CAPÍTULO 4

Produção de qualidade, gestão pós-colheita e comercialização de gálico

Dr R.K.Singh1 ,Rakshanda Anayat[2] , FerozAhmed[2] , Shahnaz Mufti3,Shahnaz Parveen[3]
1Professor e Diretor, Departamento de Ciências Vegetais, Faculdade de Horticultura
Universidade de Agricultura e Tecnologia de Banda, Banda, 210001 Uttar Pradesh, Índia
[2]*Faculdade de Agricultura (FoA), Wadura, SKUAST-Caxemira,*
3Faculdade *de Horticultura (FoH), Shalimar, SKUAST-Caxemira*

INTRODUÇÃO

O alho é uma cultura de propagação assexuada e é uma importante cultura de especiarias para uso diário em todas as cozinhas. É o segundo *Allium* mais cultivado em todo o mundo, a seguir à cebola. É uma das principais culturas de bolbos cultivados e utilizados como especiaria ou condimento em toda a Índia e também um importante produtor de divisas. O caule subterrâneo comestível é o bolbo composto por numerosos bolbos mais pequenos denominados cravos-da-índia. É rico em proteínas, fósforo, potássio, cálcio, magnésio, hidratos de carbono e o teor de ácido ascórbico é muito elevado no alho verde. Uma vez identificados os dentes de alho quantitativa e qualitativamente superiores, é assegurada a sua manutenção através da propagação vegetativa. O alho possui uma vasta gama de variabilidade em termos de caraterísticas dos bolbos e de rendimento, bem como de capacidade de armazenamento, apesar de ser uma cultura propagada vegetativamente. Os bolbos bem desenvolvidos, de forma e tamanho uniformes e compactos de uma determinada variedade são selecionados como sementes. No entanto, tendo em conta o tamanho do cravo-da-índia, o tamanho do bolbo e a qualidade do bolbo necessários para o material de sementeira, é necessário desenvolver a técnica de parcelas de sementeira em alho para obter bolbos de sementeira de melhor qualidade e reduzir o custo do material de plantação. A China é o principal país em termos de área e produção, produzindo 20,7 milhões de toneladas métricas, seguida da Índia, com uma produção de 2,9 milhões de toneladas métricas [1]. Os outros países produtores de alho incluem o Bangladesh, a Coreia do Sul, o Egito e a Federação Russa. O alho é cultivado principalmente nos Estados de Madhya Pradesh, Gujarat, Orissa, Maharashtra e Uttar Pradesh. O Madhya Pradesh registou a maior produção de alho em toda a Índia no exercício financeiro de 2022, seguido do Rajastão, do Utter Pradesh e do Gujarate.

A maior parte dos tipos de alho não tem hábito de enraizamento, pelo que são propagados vegetativamente através de dentes e bolbos. Nenhuma das cultivares comerciais de alho e das variedades autóctones conhecidas produz flores e sementes férteis. O alho não é atualmente objeto de melhoramento tradicional ou de investigação genética. No entanto, nos últimos 20 anos, foi conseguida a restauração da fertilidade em vários genótipos de alho, na sua maioria variedades autóctones da Ásia Central.

Área, produção e produtividade

A superfície, a produção e a produtividade do alho na Índia aumentaram de 1,03 lakh ha, 4,87 lakhs MT e 4,73 ton/ha em 2000-01 para 4,29 lakh ha, 34,98 MT e 8,15 ton/ha em 2021-22, respetivamente. A produção e a produtividade do alho na Índia são ainda inferiores às de muitos outros países. A falta de sensibilização dos agricultores para as variedades melhoradas, o clima, o solo e as técnicas agrícolas, as doenças e pragas que prejudicam a cultura e as respectivas medidas de controlo, bem como a gestão pós-colheita, são as principais razões, embora a qualidade inadequada das sementes e o apoio do mercado sejam também responsáveis pela limitação indireta da produção e da produtividade.

Superfície, produção e produtividade de alho por Estado 2021-22

SNO	ESTADOS/UTS	**Área (000 ha)**	**Produção (em milhares de toneladas)**	**Produtividade (t/ha**
1.	**ASSAM**	10.81	69.42	6.42
2.	**BIHAR**	1.71	2.63	1.53
3.	**CHHATTISGARH**	0.93	2.75	2.95
4.	**GUJARAT**	26.01	202.83	7.80
5.	**HARYANA**	3.42	39.91	11.69
6.	**PRADOS DE HIMACHAL**	6.51	12.71	1.95
7.	**JAMMU E CAXEMIRA**	0.67	0.56	0.83
8.	**KARNATAKA**	4.37	13.37	3.06
9.	**KERALA**	0.19	1.02	5.25
10.	**MADHYA PRADESH**	204.98	2108.21	10.28
11.	**MAHARASHTRA**	3.70	22.18	6.00
12.	**MIZORAM**	0.02	0.01	0.53
13.	**NAGALÂNDIA**	0.25	2.06	8.34
14.	**ODISHA**	11.03	39.51	3.58
15.	**PUNJAB**	7.40	85.20	11.51
16.	**RAJASTÃO**	98.34	592.52	6.03
17.	**TAMIL NADU**	1.95	11.35	5.81
18.	**TELANGANA**	0.08	0.42	5.42
19.	**UTTAR PRADESH**	40.96	242.24	5.91
20.	**UTTARAKHAND**	1.92	11.27	5.86
21.	**BENGAL OESTE**	4.04	38.15	9.45
	TOTAL	429.29	3498.32	8.15

Importância e suas utilizações

O alho era um medicamento importante para os antigos egípcios, tal como consta do texto médico Codex Ebers (cerca de 1550 a.C.), especialmente para a classe trabalhadora envolvida em trabalhos pesados, porque era um remédio eficaz para muitas doenças, como problemas cardíacos, dores de cabeça, picadas, vermes e tumores [2,3]. De acordo com os sistemas Unani e Ayurvédico, tal como praticados na Índia, o alho é carminativo e é um estimulante gástrico, ajudando assim na digestão e absorção dos alimentos. *A alicina* presente no extrato aquoso de alho reduz a concentração de colesterol no sangue humano. A inalação de óleo de alho ou de sumo de alho tem sido geralmente recomendada pelos médicos contra casos de tuberculose pulmonar, reumatismo, esterilidade, impotência, tosse e doenças dos olhos vermelhos.

O alho possui uma ação inseticida. Estudos realizados no BARC, em Mumbai, sobre a toxicidade do óleo de alho para diferentes tipos de insectos indicaram que tanto os adultos como as larvas de certos insectos, em especial as pragas de armazenamento, respondem aos vapores de óleo de alho mostrando hiperexcitabilidade, ataxia, salivação e excreção, os sinais habituais de envenenamento quando tratados de forma semelhante com insecticidas. O extrato de alho a 1% confere proteção contra os mosquitos durante 8 horas. O extrato de alho, juntamente com a malagueta e o gengibre, tem uma ação benéfica contra os nemátodos do solo. O uso benéfico do extrato de alho foi encontrado contra muitos fungos. A alicina do alho também tem propriedades bactericidas, tal como o dissulfureto de dialilo, o trissulfureto de dialilo e o óleo essencial. Assim, o óleo de alho tem potencial para ser utilizado como um inseticida eficaz no atual cenário da agricultura biológica. A utilização do alho como condimento, do óleo de alho como inseticida, da pasta de alho como biofungicida, do óleo de alho como odorífero, do resíduo de alho com propriedades antibacterianas, do alho como medicamento, incluindo a sua utilização no tratamento do cancro e na nutrição humana, é agora bem reconhecida.

Tecnologia de produção de bolbos/sementes de qualidade

O cultivo adequado de qualquer cultura depende de vários factores como o clima, o solo, as práticas culturais, a nutrição e a humidade, etc.

Clima

Um crescimento vegetativo adequado promove a formação de bolbos. Em geral, um período de crescimento fresco dá mais rendimento do que um período quente. O alho deve ser plantado cedo para promover o crescimento vegetativo em condições de dias curtos e temperaturas frescas. O potencial de rendimento, no entanto, depende da extensão do crescimento vegetativo efectuado antes do início da formação de bolbos. A duração crítica do dia para a formação de bolbos é de 12 horas e as condições climáticas numa área variam de ano para ano, pelo que o desempenho de uma variedade numa determinada área não é igual todos os anos.

Solo

Desenvolve-se melhor em solos argilosos férteis e bem drenados. Os solos argilosos pesados podem dar origem a bolbos deformados e dificultar a colheita. A cultura em solos arenosos ou soltos também não se conserva bem durante muito tempo e os bolbos também são mais leves. Os solos arenosos não têm capacidade de retenção de humidade suficiente para amadurecer a cultura sem irrigação. O pH adequado do solo é de 6 a 7 para uma boa cultura. Os solos altamente alcalinos e salinos não são adequados para a cultura do alho.

Propagação

O alho propaga-se por um único dente. Os bolbos produzidos em algumas variedades são também utilizados como material de plantação. Foi também desenvolvida uma técnica de cultura de tecidos para produzir bolbos de alho saudáveis. Os dentes de alho com um diâmetro de 8-10 mm proporcionam um maior rendimento de bolbos de melhor qualidade, devendo ter-se o cuidado de selecionar os dentes maiores dos lados exteriores dos bolbos.

Métodos de plantação:

Dibbling: Os campos são divididos em pequenas parcelas para facilitar a irrigação. Os cravos-da-índia são mergulhados a 5-7,5 cm de profundidade, mantendo as suas extremidades em crescimento para cima.

Sulco: Os sulcos são preparados com um espaçamento adequado com uma enxada manual. Nestes sulcos, os cravos-da-índia são largados à mão e depois cobertos com terra solta.

Lançamento em larga escala: Os cravos-da-índia são espalhados uniformemente num campo bem nivelado/campo de sementes à mão e cobertos por gradagem, sendo o campo dividido em pequenas parcelas para irrigação.

Semeador: Os semeadores para a sementeira de alho foram desenvolvidos em Gujarat, Punjab e Madhya Pradesh, mas o seu desempenho ainda não é satisfatório.

Tempo de plantação

É plantada de agosto a novembro em Madhya Pradesh, Maharashtra, Karnataka e Andhra Pradesh e de setembro a novembro nas planícies do Norte da Índia. Em Gujarat, a plantação é efectuada entre outubro e novembro. A época adequada para a plantação nas colinas é março-abril. Em Bengala Ocidental e Orissa, a melhor época de plantação de alho é entre outubro e novembro. Para a produção no final da kharif, recomenda-se a plantação em 15th agosto em camas planas. A variedade Agrifound White (G-41) foi recomendada para a colheita tardia nas condições de Nasik e Karnal. A plantação da variedade Yamuna Safed-3 (G-282) com cravos de 10 mm de tamanho em 5th de outubro permitiu um melhor desenvolvimento dos bolbos, rendimento e qualidade do produto em Karnal.

Material de plantação

Os cravos-da-índia com um diâmetro de 8-10 mm proporcionam um rendimento superior e de melhor qualidade, devendo ter-se o cuidado de selecionar cravos-da-índia maiores, de preferência do lado exterior dos bolbos. Os cravos-da-índia compridos e delgados presentes no centro não devem ser utilizados para plantação, uma vez que não dão origem a bolbos com desenvolvimento adequado. Dependendo do tamanho do cravo-da-índia e da variedade, são necessários cerca de 500-700 kg de cravo-da-índia de 8-10 mm de diâmetro para plantar um hectare. Os bolbos compactos e não aparafusados de maior tamanho permitem uma maturação precoce e rendimentos mais elevados. A taxa de sementeira depende do tamanho do bolbo, do tamanho do cravinho, do peso do cravinho e do número de cravinhos por bolbo.

Variedades de melhoramento

Não se trabalhou muito no melhoramento do alho até que a National Horticultural Research and Development Foundation começou a trabalhar no desenvolvimento de variedades há três décadas. Posteriormente, o trabalho foi também iniciado por diferentes universidades agrícolas estatais e institutos do ICAR. O trabalho foi reforçado após a criação da Direção de Investigação da Cebola e do Alho. Os principais trabalhos sobre variedades de alho estão a ser realizados na National Horticultural Research and Development Foundation (NHRDF). DOGR Rajgurunagar, HAU Hisar, MPKV Rahuri, PAU Ludhiana, VPKAS Almora, ARU Almora, IARI, Nova Deli, GAU Junagadh, etc. As variedades desenvolvidas são Phule Baswant, Godavari e Shweta em Rahuri; HG-1 e HG-2 em HAU Hisar; Pusa Sel-10 em IARI Nova Deli; 7-56-4 e LCG-1 em PAU Ludhiana, DARL-52 em ARU, Almora; ARU-52, VL-1, VL-6, VL-7 em VPKAS Almora, Bhima Omkar em DOGR, DARL-J2 em DARL, Uttarakhand, CG-2, CG-3 e CG-4 em GAU, Junagarh e Agrifound White (G-

41), Yamuna Safed (G-1), Yamuna Safed-2 (G-50), Yamuna Safed-3 (G-282), Yamuna Safed-4 (G-323), Yamuna Safed-5 (G-189), Yamuna Safed-6 (G-324), Yamuna Safed-7 (G-378), Yamuna Safed-8 (G-384), Yamuna Safed-9 (G-386), Yamuna Safed-10 (G-404), Agrifound Parvati (G-313) e Agrifound Parvati-2 (G-408) pela National Horticultural Research and Development Foundation. As variedades Agrifound White, Yamuna Safed, Yamuna Safed-2, Yamuna Safed-3, Yamuna Safed-4 e Yamuna Safed-5 (G-189), Yamuna Safed-8 (G-384), Yamuna Safed-9 (G-386), Yamuna Safed-10 (G-404), Agrifound Parvati (G-313) e Agrifound Parvati-2 (G-408) foram notificadas pelo Governo da Índia. Verifica-se que o alho cultivado perto do seu centro de origem é de maior tamanho, com cravos-da-índia arrojados. À medida que avança para as regiões subtropicais e tropicais, o tamanho torna-se pequeno, com um maior número de dentes pequenos. O potencial de rendimento destes tipos adoptados é menor em comparação com os tipos de dia longo. O alho de dia curto cultivado nas planícies do Norte da Índia, no Oeste da Índia e nas colinas de Nilgiris sofre de efeitos de degenerescência, de tamanho reduzido dos dentes de alho e de suscetibilidade a doenças e pragas e, finalmente, de baixo rendimento. A melhoria destes aspectos é, pois, um processo contínuo.

Preparação do terreno

O campo é lavrado até à obtenção de uma camada fina, com 3-4 lavouras. A lavoura deve ser feita com alfaias puxadas por trator ou com charrua deshi. A plantação deve ser efectuada para um nivelamento adequado. Em seguida, o campo é dividido em pequenas parcelas e canais. A largura das parcelas deve ser tal que as operações interculturais possam ser efectuadas facilmente. O comprimento do feixe deve ser de acordo com o nível do terreno.

Fertilizantes e estrumes

É melhor mandar testar o solo e depois aplicar fertilizantes de acordo com as recomendações do laboratório de testes do solo. O alho responde muito bem a adubos orgânicos. Recomenda-se aplicar 50 t/ha de adubo orgânico na altura da preparação do campo e misturar bem no solo. Para um solo normal, 100 kg. N, 50 kg de P e 50 kg/ha através de fertilizantes químicos. Para as condições de Karnal, no entanto, 150 kg de N e plantio a 10 cm x 7,5 cm tem dado o melhor resultado. Como já foi referido, a farinha de aveia pode ser misturada no solo aquando da preparação da terra, enquanto a dose completa de fósforo, potássio e metade do azoto pode ser aplicada antes da plantação. Outra meia dose de azoto pode ser aplicada após um mês de plantação. O excesso de azoto resulta em colo grosso e brotamento antes da colheita. A aplicação foliar de poly-feed (19:19:19: TE) e multi-K (13-0-46) 2-3 pulverizações com 15 dias de intervalo a partir de 30 dias após a plantação melhora o desenvolvimento dos bolbos e o rendimento do alho.

Espaçamento

A plantação depende das regiões e da variedade utilizada. Para as condições de Karnal, recomenda-se 10 x 7,5 cm. No entanto, uma plantação mais próxima provoca mais doenças, nomeadamente a mancha púrpura. Para bolbos de maior diâmetro e cravos-da-índia maiores, recomenda-se um espaçamento mais largo de 15 x 10 cm. No entanto, não deve ser utilizado um espaçamento muito grande, caso contrário o colo será mais espesso. A plantação de cravos-da-índia de 8 a 10 mm de tamanho em canteiros planos com um espaçamento de 15 cm x 10 cm também foi recomendada em Kamal, enquanto o espaçamento de 12,5 x 7,5 cm foi recomendado nas condições de Nasik, em Maharashtra, para um rendimento ótimo. O método de sementeira é comum no alho e é preferível ao método de sementeira a lanço devido à menor taxa de sementeira e aos rendimentos mais elevados.

Irrigação

Em geral, o alho necessita de irrigação com um intervalo de 8-10 dias durante o crescimento vegetativo e de 10-15 dias durante a maturação. A primeira rega é efectuada após a plantação. A humidade do solo ideal para a emergência é de 80-100 % da capacidade de campo. Não deve haver escassez de humidade durante a estação de crescimento, caso contrário o desenvolvimento dos bolbos é afetado. Para obter alho de boa qualidade, são necessárias duas irrigações (20 mm) em agosto-setembro e três irrigações em outubro-novembro, quando a plantação é feita mais cedo. O alho é uma cultura de raízes pouco profundas, com a maior parte das raízes limitadas aos 5 cm superiores do solo. A irrigação contínua à medida que a cultura amadurece provoca o apodrecimento das raízes e das escamas dos bolbos. Isto descolora os bolbos, expõe os dentes exteriores e diminui o valor de mercado dos bolbos. A rega após um longo período de seca provoca a divisão dos bolbos. Uma cultura de alho bem sucedida, com maior rendimento e melhor qualidade, pode ser feita com irrigação por gotejamento ou microaspersão, plantando em canteiros elevados. Em Nasik, a cultura do alho G-41 cultivada sob irrigação por gotejamento e aplicação de NPK @ 100:50:50 kg/ha + S @ 20 kg/ha + pulverização de Polyfeed 1% aos 15, 30 e 45 dias após a semeadura, multi-K @ 1% aos 60, 75 e 90 dias após a semeadura, deu o máximo de rendimento e retorno líquido.

Intercultura

Para obter uma boa produção de alho de qualidade, é, no entanto, necessário manter os campos livres de ervas daninhas através de mondas e sachas atempadas. A primeira monda é efectuada após um mês de plantação e a segunda monda após um mês da primeira monda. A sachadura da cultura e a ligação à terra imediatamente antes da formação dos bolbos (cerca de dois meses e meio após a sementeira) soltam o solo e ajudam à formação de bolbos maiores e bem cheios. Não se deve mondar ou sachar a cultura numa fase posterior, pois isso pode danificar o caule e prejudicar a qualidade da conservação. A pendimetalina e a oxiflurofena, aplicadas em pré-emergência, têm sido consideradas pesticidas eficazes. Pendimetalina @ 3,5 litros ou Oxyflurofen @ 0,25 kg ai por ha + 1 monda manual 45 dias após a plantação foi recomendado nas condições de Kamal e Nasik para o controlo de infestantes de folha larga.

isolamento

Os campos de alho-semente devem ser isolados dos contaminantes indicados na coluna 1 do quadro infra pelas distâncias especificadas nas colunas 2 e 3 do referido quadro.

Contaminantes	**Distância mínima (metros)**	
	Fundação	Certificado
Campo de outras variedades	5	5

Campo da mesma variedade não conforme com os requisitos de pureza varietal para certificação	5	5

Requisitos específicos

Factores	Limite máximo permitido (%)*	
	Fundação	Certificado
Tipos desligados	5	5

***Máximo permitido na inspeção final**

Colheita

Considera-se que a cultura está pronta para ser colhida quando os topos adquirem uma cor amarelada ou acastanhada e mostram sinais de secagem e de inclinação. Os bolbos amadurecem cerca de 4-5 meses após a plantação, dependendo da cultivar, da estação do ano e do solo, etc. A G-282 é uma cultivar de maturação precoce. A colheita a 100 % da queda do colo provoca perdas mínimas de armazenamento e a cura no campo durante 3-5 dias, pelo método de leira, foi considerada benéfica. A colheita precoce resulta em bolbos de má qualidade de armazenamento, enquanto que a colheita tardia resulta na divisão e germinação dos bolbos. Na Índia, a colheita é efectuada manualmente com uma escavadora manual ou, em certas zonas onde o solo está solto, as plantas são arrancadas. Os bolbos são retirados juntamente com os topos e colocados em leiras, reunindo várias filas em cada fileira. O rendimento é de 70-120 q/ha, consoante a variedade e as regiões. O envolvimento de agricultores contratados de culturas hortícolas, tal como praticado pelas empresas multinacionais, pode beneficiar os consumidores e os agricultores. A determinação dos índices de maternidade para a colheita pode apresentar as perdas pós-colheita [4]

Secagem e cura

Estas duas operações são essenciais na gestão pós-colheita do alho. A secagem é feita para remover o excesso de humidade da pele exterior e do pescoço, com vista a reduzir a podridão de armazenamento. A cura é um processo adicional de secagem para remover o excesso de humidade e permitir o desenvolvimento da cor e ajudar os bolbos a tornarem-se compactos e a entrarem na fase de dormência. A secagem é efectuada durante cerca de uma semana no campo. O método e o período de secagem variam em função das condições climatéricas no momento da colheita. Os bolbos são cobertos com as partes superiores uns dos outros para evitar que sejam danificados pelo sol. Estes também são curados durante 7-10 dias à sombra, quer com os topos, quer após o corte dos topos, deixando 2,5 cm acima dos bolbos e removendo as raízes. A colheita a 100% da queda do colo e a cura pelo método de leira foram recomendadas em Karnal. A cura no campo deve ser efectuada até que a folhagem fique amarela. A cura artificial pode ser efectuada através da passagem de ar quente a 27-35° c através da sala de cura. São necessárias cerca de 48 horas para completar o processo de cura se a humidade estiver entre 60-75 %. A cura de feixes de alho com bolbos cobertos por terra em camadas compactas ou a cura em telheiro, mantendo os feixes de alho com folhagem em pé em camadas compactas, contribui para a cura adequada do alho. O NHRDF concebeu também uma câmara de cura para o alho, onde a cura ao nível desejado pode ser obtida através da circulação de ar quente através de bolbos de alho mantidos em caixas em prateleiras.

Seleção e classificação

Os bolbos de alho, depois de curados, são passados por uma máquina de classificação ou classificados manualmente antes de serem armazenados ou comercializados. São selecionados os bolbos com pescoço grosso, fendidos, feridos, doentes ou com dentes ocos. A classificação por tamanho é efectuada após a triagem. É muito necessário praticar a seleção e a classificação para obter melhores preços. Também é necessário praticar a triagem e a classificação para minimizar as perdas devidas à secagem e à deterioração. O Governo indiano prescreveu certas designações de grau para diferentes qualidades de alho para exportação.

Rendimento económico

O rendimento dos bolbos varia entre 100-200 q./ha, consoante a variedade e as regiões onde são cultivados.

Gestão pós-colheita

Foi referido que a tecnologia de gestão pós-colheita no caso dos produtos hortícolas é inadequada. Além disso, o aspeto da transformação não é tão florescente como nas outras culturas. Além disso, os condicionalismos enfrentados pela indústria pós-colheita das culturas hortícolas tornam a indústria não produtiva. Os custos proibitivos e a falta de um sabor tradicional que se adapte aos hábitos alimentares dos indianos fazem diminuir a procura de produtos transformados, o que resulta num crescimento lento [5]. Os outros factores que restringem o estabelecimento de tais indústrias são as limitações de comercialização e as restrições financeiras e fiscais. Além disso, a falta de investigação ou de desenvolvimento adequados, que constitui um dos principais pilares da gestão pós-colheita das culturas hortícolas

Tecnologias pós-colheita

O alho transformado não tem, nomeadamente, o sabor picante típico do alho fresco. O carácter picante do alho cru é atribuído aos alquenil tiossulfinatos gerados pela ação da allinase, que é activada ao cortar o dente de alho. O branqueamento com água quente, vapor ou energia electromagnética foi utilizado como tratamento para desativar a atividade da allinase responsável pelas alterações de sabor e pelo amolecimento dos tecidos[6]. [6] **Alho em pó**

Desidratar os dentes de alho frescos em pó é o método mais primitivo para preservar o alho. O alho em pó é utilizado como um agente aromatizante para condimentos e alimentos processados. Durante a preparação do pó, os dentes de alho são cortados, esmagados, secos e moídos até ficarem em pó. O teor médio de allin presente no alho é de 0,8%, no entanto, o alho cru contém cerca de 3,7 mg/gm de allin. Na Índia, as indústrias de pequena escala utilizam secadores de tabuleiro para secar os dentes de alho. O teor de humidade dos dentes de alho é reduzido do teor de humidade inicial de cerca de 6065% (wb) para um nível seguro de 6% (wb). A desidratação dos dentes de alho utilizando o secador de tabuleiro é um processo que consome muita energia e tempo. São necessárias cerca de 9-10 horas para secar os dentes de alho numa única fase num secador de tabuleiro a uma temperatura de 70° C.

Pasta de alho

A pasta é uma das alternativas que conservaria o odor delicado e fresco do alho. É preparada com bolbos de alho com 16 semanas de maturação e foi armazenada a 25°C durante um mês antes de ser processada. Os dentes de alho foram depois secos num secador de tabuleiro a 40°C durante 30 minutos para facilitar o processo de descasque. Depois de descascados, os cravos-da-índia foram escaldados a 90°C durante 15 minutos em água [6], seguindo-se a moagem num moinho de laboratório. Para aumentar os sólidos totais, foi adicionada a quantidade desejada de cloreto de sódio (w/w). O pH final foi ajustado para 4,1 pela adição de uma solução de ácido cítrico a 30% (p/v) [7]

Extrato de alho

O extrato de alho envelhecido é um suplemento de alho totalmente equilibrado que contém uma grande quantidade de compostos essenciais solúveis em água e pequenas quantidades de solúveis em óleo. Foram registadas várias patentes para preparar sumo ou extrato de alho. Lazarev Ivanova patenteou o método de obtenção de um extrato de alho de dois componentes. Neste processo, o alho é arrefecido e triturado para extração aquosa, produzindo um extrato enzimático denominado primeiro componente. O resíduo é novamente extraído com CO2 líquido para obter um extrato sem enzimas, denominado segundo componente. Os dois componentes são misturados antes de serem adicionados aos produtos alimentares. [8]

DOENÇAS E PRAGAS DE INSECTOS

Mancha púrpura (*Alternaria porri*):

Os sintomas aparecem nas folhas como pequenas lesões esbranquiçadas e afundadas com centros roxos que aumentam rapidamente. As folhas caem gradualmente. Mancozeb @ 2,5g por litro pulverizado em intervalos regulares de 15 dias após o aparecimento da doença dá um bom controlo.

Ferrugem do Stemphylium *(Stemphylium vesicarium):*

A infeção aparece como pequenas manchas ou estrias amarelas a laranja na folha. Estas desenvolvem-se rapidamente em manchas difusas alongadas, fusiformes a ovadas e alongadas, atingindo frequentemente as pontas das folhas. Normalmente, tornam-se cinzentas no centro, castanhas a castanho-azeitona escuro. Pulverização de Mancozeb @ 0,25% ou clorotalonil

(Kavach) a 0,2%, juntamente com deltametrina (Decis) a 0,10% e tritão em adesivo, a intervalos quinzenais, antes do aparecimento da doença

Oídio *(Leveillula taurica):*

Manchas amarelas pálidas distintas de tamanho variável na superfície da folha associadas a massa pulverulenta são as principais caraterísticas da doença. Os fungicidas de enxofre a 2,0 g por litro pulverizados a intervalos regulares de 15 dias após o aparecimento da doença proporcionam um bom controlo.

Mosaico:

Sintomas típicos de manchas e faixas cloróticas na primeira folha emergente, seguidas de faixas quebradas amarelo-pálido, resultando num padrão típico de mosaico nas folhas maduras. Aparecem pontos amarelados nas folhas e uma margem esbranquiçada. Geralmente, os sintomas são mais ligeiros nas folhas mais jovens do que nas folhas maduras. Após a maturidade, as plantas afectadas pelo mosaico continuam a ter bolbos mais pequenos e o número de dentes de alho é menor. Uma vez que o vírus é transmitido através de pulgões, a pulverização de insecticidas como monocrotophos @ 0,5ml/litro ou methyldemeton @ 0,75ml/litro de água será útil.

Tripes *(Thrips tabaci):*

De cor amarela a castanha escura, muito diminuta, e a vida do inseto é de 8 a 10 dias. Encontra-se na axila das folhas verdes, onde suga o sumo das primeiras folhas emergentes. Os adultos hibernam no solo, na erva e noutras plantas dos campos de cebola. As plantas infectadas apresentam um crescimento atrofiado com folhas retorcidas. A infestação ocorre na fase inicial do crescimento, a formação dos bolbos pára completamente e as plantas morrem lentamente. Malathion @ 0.1% ou metasystox @ 0.1% e cypermethrin @ 0.01% ou deltamethrin 2.8 ai @ 20 ml/ha devem ser pulverizados juntamente com triton ou sandovit. Recomenda-se também a aplicação no solo de forato ou carbofurano granulado a 1 kg ai/ha.

Conclusões e recomendações

A produção e a produtividade do alho na Índia são muito baixas em comparação com muitos outros países. A falta de sensibilização dos agricultores para as variedades melhoradas, o clima, o solo e as técnicas agrícolas, as doenças e as pragas que danificam as culturas e as respectivas medidas de controlo, bem como a gestão pós-colheita, são as principais razões; um apoio inadequado ao mercado é também responsável por limitar indiretamente a produção e a produtividade. O país tem conseguido exportar grandes quantidades de alhos depois de ter assegurado a satisfação das necessidades internas. O acréscimo de valor através da transformação dos bolbos sob a forma de flocos desidratados, pó desidratado, pasta, etc. será fundamental para expandir substancialmente o mercado interno e o cabaz de exportação de alho e seus produtos derivados. Oferecerá também melhores preços aos produtores e garantirá aos consumidores o fornecimento de géneros alimentícios transformados de baixo volume e elevado teor nutricional. A abordagem integrada elevará a indústria transformadora, oferecendo vastas oportunidades de criação de emprego no sector da transformação.

Referências

[1]FAO. 2020. *Alimentação e Agricultura Mundial - Anuário Estatístico 2020.* Roma. https://doi.org/10.4060/cb1329en

[2] Tattelman E. Health effects of Garlic (Efeitos do alho na saúde). Medicina Complementar e Alternativa 2005; 72(1): 103-106.

[3] Thomson M. Anti-diabetic and hypolipidaaemic properties of Garlic (Allium sativum) in strepozotocin induced diabetic rats. International Journal of Diabetes & Metabolism 2007; 15: 108-115.

[4] Kumar, N.V. e Gopinath, G. 1995. Estratégias futuristas necessárias para cientistas, produtores e industriais na transformação de frutos. In: Actas do seminário nacional sobre tecnologia pós-colheita de frutos. Raghvan et al. (eds), P. 15 University of Agric. Sc. G.K.V.K., Bangalore

[5] Joshi, V.K. 1999. Tecnologia pós-colheita de culturas hortícolas - Uma visão geral. In: food biotechnology SS Marwaha and JK Arora

[6] Rejano, L., Sanchez, A.H., Castro A, de. e Montano, A. 1997. Caraterísticas químicas e estabilidade de conservação do alho em conserva preparado por diferentes processos. J Food. Sci., 62:1120-23
[7] Ahmad, J. e Shivhare, U.S. 2000. Physico - Chemical and storage characterstics of garlic paste J Fd Processing and preservation, 25:15-23.
[8] Lazarev ,I.Z. e Ivanova, O.I. 1969. Método de obtenção de extrato de 2 componentes de alho Patente USSR, 244879.

CAPÍTULO 5

Produção de qualidade, gestão pós-colheita e comercialização de cebola

Dr R.K.Singh1 ,Rakshanda Anayat[2] , FerozAhmed[2] , Shahnaz Mufti3,Shahnaz Parveen[3]
'Professor e Diretor, Department of Vegetable Sciences, College of Horticulture
Banda University of Agriculture and Technology, Banda, 210001 Uttar Pradesh, Índia
[2]*Faculdade de Agricultura (FoA), Wadura, SKUAST-Kashmir,*
3Faculdade *de Horticultura (FoH), Shalimar, SKUAST-Caxemira*

INTRODUÇÃO

A cebola é cultivada há mais de 5000 anos na terra. Pensa-se que a cebola foi domesticada pela primeira vez na região montanhosa do Noroeste da Índia, Afeganistão, Paquistão, Tajiquistão e Uzbequistão. A Ásia Ocidental e as zonas em torno dos mares mediterrânicos parecem ser o centro de origem secundário. Os mais próximos são o *Allium vavilovii* Popor do Turquemenistão e do Norte do Irão, o *A. asarense* do Irão e *o A. oschaninii*. Fedstch do Uzbequistão e dos países vizinhos são considerados antepassados do *A. cepa. Os Alliums* estão amplamente distribuídos pelas zonas temperadas, temperadas quentes e boreais do hemisfério norte. Supõe-se que, a partir da Ásia Central, o antepassado da cebola migrou provavelmente primeiro para a Mesopotâmia, onde a cebola é mencionada na literatura suméria (2500 a.C.), depois para o Egito (1600 a.C.), para a Índia e para o Sudeste Asiático. Do Egito, *a A. cepa* foi introduzida na zona mediterrânica e daí para todo o Império Romano. Segundo Vavilov [1], o centro genético do sudoeste asiático é proposto como centro primário de domesticação e variabilidade da cebola. Além disso, Vavilov e Burkinich [2] confirmaram que o Afeganistão e os países adjacentes são o centro genético de origem das formas cultivadas de cebola e alho. Mais de 600 espécies de *Allium* estão distribuídas no Afeganistão, na Turquia, no Irão e na Ásia Central, que inclui a RSS do Turquemenistão, a RSS do Usbequistão, a RSS do Tadzhik, a RSS do Kirgiz, a RSS do Cazaquistão e a Mongólia. A adaptação da cebola na Índia ocorreu desde muito cedo, antes da era cristã. Originalmente originária da Ásia Central da região temperada, com hábito perene/bienal e carácter de dia longo, estabeleceu-se bem na Índia em condições fotoperiódicas tropicais e de dia curto (11-11,5 horas).

Devido às suas caraterísticas especiais de pungência, tem mais valor do que outros legumes. A pungência da cebola deve-se à presença de compostos de enxofre, sendo o principal composto o dissulfureto de alil-propilo. A pungência máxima é registada imediatamente antes da queda dos topos no campo. A cor vermelha da cebola deve-se à presença do pigmento antocianina, enquanto a cor amarela se deve à presença de quercetina. . É um dos mais antigos legumes cultivados. É utilizada como legume e também como especiaria e é muito popular pela sua pungência e pelas suas folhas verdes aromatizadas. Uma vez que a cebola é consumida como legume fresco, utilizada na transformação e na decapagem e é também o principal legume de exportação da Índia, o desenvolvimento de novos protocolos e normas de produção é altamente relevante no contexto atual. [3]. Contêm compostos químicos que se crê terem propriedades anti-inflamatórias, anticolesterol, anticancerígenas e antioxidantes. [4,5] .

A classificação da cebola é a seguinte

- **Cebola comum** *(Allium cepa* L., 2n=2x=16): É a mais cultivada na Índia e propaga-se através de sementes. É utilizada principalmente como salada ou em caril.
- **Chalota** *(Allium cepa* var. *Ascalonicum,* 2n=2x=16): Trata-se de uma cebola perene que raramente produz sementes. É cultivada todos os anos, replantando alguns dos bolbos que se formam em cachos à superfície do solo.
- **Cebola multiplicadora ou cebola de batata** *(Allium cepa* var. *Aggregatum,* 2n=2x=16): É também conhecida como cebola egípcia moída, devido à sua rusticidade e ao facto de amadurecer mais cedo do que a cebola comum. É cultivada em cachos de bolbos subterrâneos bem compactados e não à superfície como a cebola chalota. É utilizada principalmente para temperar caril.
- **Cebola de árvore ou cebola de árvore egípcia** *(Alliun cepa* L. var. *viviparum/proliferum,* 2n=2x =16): Trata-se de uma cebola vivípara que cresce como bolbo subterrâneo perene. Tem folhas semelhantes às da cebola comum e produz um cacho de 2 a 16 bolbos no topo do caule, em vez de inflorescências. Podem formar-se algumas flores, juntamente com os bolbos, mas são completamente estéreis.
- Cebolinho (*A. schoenoprasum*) (2n=16, 24, 32). Esta é uma erva perene e resistente, cultivada pelas suas folhas verdes ocas. Propaga-se por divisão de raízes e é tolerante ao frio extremo e à seca.

2. Área, produção e produtividade

A Índia é o segundo maior produtor de cebola do mundo, a seguir à China e ocupa o terceiro lugar na exportação de cebolas. Maharashtra é o principal Estado produtor de cebolas na Índia.

Superfície, produção e produtividade de cebola por Estado para o ano de 2021-22

SN	ESTADOS/UTS	CEBOLA		
		Área ('000 ha)	**Produção** ('000 MT)	**Rendimento** (Ton/ha)
1.	MAHARASHTRA	925.20	13301.70	14.37
2.	CARNATAKA	231.84	2779.50	11.98
3.	MADHYA PRADESH	196.70	4740.60	24.10
4.	GUJARAT	100.00	2555.00	25.55
5.	RAJASTÃO	92.00	1591.00	17.29
6.	BIHAR	58.00	1375.00	23.70
7.	TAMIL NADU	52.80	555.70	10.52
8.	ANDHRA PRADESH	44.60	722.90	16.20
9.	BENGAL OESTE	43.85	866.35	19.75
10.	ODISHA	30.79	359.49	11.67
11.	UTTAR PRADESH	30.00	509.00	16.96
12.	HARYANA	24.10	514.00	21.32
13.	CHHATTISGARH	23.41	379.72	16.22
14.	JHARKHAND	17.58	277.27	15.76
15.	PUNJAB	10.37	245.17	23.65
16.	TELANGANA	9.10	172.00	18.90
17.	ASSAM	8.32	92.32	11.09

18.	UTTARAKHAND	4.49	45.74	10.19
19.	JAMMU E CAXEMIRA	4.32	77.84	18.03
20.	PRADOS DE HIMACHAL	3.41	74.83	21.93
21.	NAGALÂNDIA	0.60	5.55	9.21
22.	MEGHALAYA	0.57	5.12	8.99
23.	MANIPUR	0.54	5.20	9.69
24.	SIKKIM	0.27	1.68	6.15
25.	MIZORAM	0.27	1.80	6.66
26.	TRIPURA	0.17	1.10	6.43
27.	KERALA	0.01	0.08	10.25
28.	PRADO DO ARUNCHAL	-	-	-
	OUTROS	0.89	17.07	19.09
	TOTAL	**1914.18**	**31272.71**	**16.33**

Fonte: Departamento de Agricultura e Bem-Estar dos Agricultores, Ministério da Agricultura e Bem-Estar dos Agricultores, Governo da Índia

Importância e suas utilizações (composição nutricional, valor mediático)

As cebolas também são ricas em manganês, que oferece proteção contra gripes e constipações. E não é só o vegetal, até o óleo essencial das cebolas tem benefícios. O óleo tem propriedades anti-sépticas e antibacterianas. E embora as cebolas possam não induzir diretamente a perda de peso, substituí-las por alimentos altamente calóricos pode dar algum contributo.

As qualidades da cebola fazem dela um príncipe entre os legumes e é por isso que a cebola é conhecida como a dinamite dos alimentos naturais. É um bom depurativo e cicatrizante e, se fosse consumida com mais frequência, também é certo que haveria menos constipações, menos catarro, menos anemia, menos doenças gástricas e menos insónias. Devido ao seu sabor especial, é considerado tabu por um certo grupo de pessoas na Índia. Este facto deve-se a um óleo volátil que contém dissulfureto de alil propilo e que é excretado através dos pulmões quando a cebola é consumida, conferindo ao hálito um odor caraterístico. A cebola contém igualmente uma forma peculiar de açúcar através da qual se observa o sabor doce da cebola assada. Constitui uma excelente forma de ferro alimentar e, por este motivo, pode muitas vezes ser consumida livremente por pessoas que sofrem de anemia. É considerada na antiguidade como um diurético de primeira ordem. O sumo de cebola é aplicado em queimaduras, frieiras e mordeduras ou picadas. A cebola é muito útil para curar feridas, úlceras e certos tipos de hidropisia. É também um estimulante digestivo, anti-fermentativo e anti-diabético.

Clima

A cebola é cultivada numa vasta gama de condições climáticas, ou seja, temperadas, tropicais e subtropicais. Cresce bem em climas amenos, sem calor ou frio extremos ou precipitação excessiva. O crescimento da planta, o desenvolvimento dos bolbos e a floração são influenciados pelo fotoperíodo (duração do dia) e pela temperatura para um bom crescimento vegetativo. Não se desenvolve quando a precipitação média excede 75-100 mm durante o período das monções. A cebola pode crescer bem quando a precipitação média anual é de 650-750 mm. A temperatura ideal para o crescimento vegetativo é de 12,8-23,0° C e, para o desenvolvimento dos bolbos, são necessários dias longos e temperaturas ainda mais elevadas (20° C- 25° C). A humidade relativa de 70 % é necessária para o bom crescimento das plantas. A temperatura quente favorece o bom desenvolvimento dos bolbos. Na Índia, as variedades de cebola cultivadas nas planícies são do tipo de dia curto, exigindo 10-12 horas de dia; enquanto as variedades de dia longo cultivadas nas colinas exigem 13-14 horas de dia. Na estação *Rabi*, uma subida brusca da temperatura pode provocar uma maturação precoce dos bolbos e bolbos de pequeno tamanho. As variedades de dia longo não desenvolvem bolbos em condições de dia curto, enquanto as variedades de dia curto, se plantadas em condições de dia longo, desenvolvem bolbos.

Solo

O solo para a cultura da cebola deve ser rico em húmus e com boa drenagem. Pode ser cultivada em solos franco-argilosos, franco-arenosos ou franco-argilosos, profundos, friáveis e férteis, ricos em matéria orgânica. Os solos que têm a capacidade de reter humidade suficiente e, ao mesmo tempo, são suficientemente favoráveis para serem facilmente cultivados e ajudarem ao desenvolvimento adequado dos bolbos são os mais desejáveis para o cultivo da cebola. O pH ótimo é de 5,8-6,5. Um solo altamente alcalino ou salino não é adequado para o seu cultivo. A condutividade eléctrica de um extrato de saturação

(CEe) para a cebola é de 4 ds/m. Se o nível de CE for ultrapassado, o rendimento começa a diminuir. Os solos com lençóis freáticos mais elevados também não são adequados para o cultivo da cebola.

Preparação do campo

A lavoura é efectuada em quatro lavouras, com um intervalo suficiente entre duas lavouras. A lavoura deve ser efectuada com alfaias puxadas por trator ou com charrua *deshi*. Deve ser pouco profunda, uma vez que a maior parte das raízes da cebola penetra a uma profundidade não superior a 5-6 cm. A terraplanagem deve ser efectuada para um nivelamento adequado. Um terreno desnivelado resulta em alagamento num ponto e ausência de água noutro ponto. O encharcamento afecta negativamente a produção e a qualidade dos bolbos. A largura normal de um canteiro deve ser de cerca de 1,80 m. O comprimento pode variar de acordo com o nível do terreno, mas é melhor ter canteiros de tamanho pequeno para uma irrigação adequada e outras práticas culturais. Se os canteiros forem mais largos do que 1,8 m, a entrada de ervas daninhas e de enxadas nos canteiros, bem como a aplicação de adubos ou a proteção das plantas, podem provocar ferimentos nas plantas. A largura dos canteiros deve ser tal que seja possível efetuar operações interculturais sentando-se nos feixes. Na época *da kharif*, a plantação deve ser efectuada em canteiros elevados para se obter um bom rendimento.

Variedades melhoradas

Diversas variedades de cebola foram desenvolvidas na Índia por diferentes SAU e institutos do ICAR, tais como a Direção de Investigação sobre Cebola e Alho (DOGR), Rajgurunagar, o Instituto Indiano de Investigação em Horticultura (IIHR), Benguluru, o Instituto Indiano de Investigação Agrícola (IARI), Nova Deli, Mahatma Phule Krishi VidyaPeeth (MPKV), Rahuri, Punjab Agricultural University (PAU),

Ludhiana, Tamil Nadu Agricultural University Coimbatore (TNAU) e NHRDF, Nasik, para cultivo em diferentes regiões do país. As cultivares de cebola variam em termos de tamanho dos bolbos, cor da casca, pungência e outras caraterísticas. Ao contrário dos bolbos de tamanho pequeno, os de tamanho maior têm uma pungência mais suave e um sabor mais doce. Os tipos de pele prateada são menos resistentes ao armazenamento do que as cultivares de cor vermelha, que têm um sabor mais forte. O mercado tem menos necessidade de variedades amarelas. Os nomes dos locais onde as cultivares locais são cultivadas são utilizados para as identificar e publicitar. O comércio da cebola utiliza frequentemente Poona Red, Nasik Red, Bellary Red, Patna Red e

Patna White. A maioria das variedades melhoradas foi desenvolvida através de seleção em massa a partir de colecções locais de populações segregantes.

Sementes e sementeiras

Cerca de 7-8 kg de sementes de cebola grande comum são suficientes para um hectare. Para a difusão, diretamente no campo ou sementeira em linhas, são necessários 3-4 kg de sementes/ha, enquanto que para a cebola multiplicadora são necessários 12-15 quintais de bolbos para a plantação de um hectare e 20 kg de sementes/ha para a cebola pequena de conserva.

A melhor época para a sementeira de sementes para a colheita *precoce* é fevereiro-abril no Sul, maio-junho em Maharashtra e noutras partes para a colheita da quaresma, agosto-setembro para a colheita *tardia da quaresma* e outubro-novembro para a *colheita de Rabi.* Nas colinas, a época de sementeira em viveiro é março-abril. A sementeira deve ser efectuada em linhas de 5-7 cm. As sementes devem ser tratadas com Thiram @ 2,0 g/kg e o solo do viveiro também deve ser tratado com Thiram ou Captan @ 4,0-5,0 g/m^2 área para evitar danos às mudas devido à doença do amortecimento

Criação de pequenos bolbos e sua necessidade

Na Índia, onde o padrão de precipitação é muito errático, por vezes, durante o período das monções, a intensidade da queda de chuva é muito elevada durante um período muito curto, o que prejudica o viveiro de cebola *da kharif* e os agricultores não obtêm a planta única do viveiro de cebola da kharif para evitar as chuvas erráticas, a preparação de conjuntos é a técnica para a produção de cebola de qualidade na estação *da kharif* para aumentar o rendimento dos agricultores.

Para a plantação, são utilizados os bolbos obtidos a partir das variedades de cebola *da* campanha anterior, Agrifound Dark Red, Baswant-780, N-53 e Arka Kalyan, L-883 e Bhima Dark Red. As sementes são semeadas em canteiros elevados a 6-8 g/m^2 ou em canteiros planos, consoante o solo. A melhor época de sementeira para obter bolbos de qualidade é de meados de janeiro a princípios de fevereiro. Todas as outras operações de criação de bolbos são idênticas às do viveiro para transplantação. As plantas são deixadas nos viveiros até abril-maio, até à queda da copa. A colheita é feita juntamente com os topos; os bolbos selecionados (1,5-2,5 cm) são armazenados pelo método de suspensão até agosto numa sala bem ventilada. Os bolbos de grandes dimensões dão origem a um maior número de duplos e de bolbos, o que aumenta o custo de produção. Recomenda-se a plantação de bolbos em canteiros elevados ou em ambos os lados de

camalhões no sistema BBF (Broad Band Furrow) para um melhor desenvolvimento e rendimento dos bolbos. julho-agosto é a melhor altura para a plantação em Maharashtra e agosto nos estados do norte. Tamanho da cama
depende do nível da terra, do tipo de solo e do método de irrigação. A plantação de bolbos demasiado grandes aumenta o aparecimento de bolbos e reduz a qualidade do produto. A imersão dos bolbos em solução de carbendazina a 0,1 % e monocrotofos a 0,1 % antes da plantação ajuda a um melhor estabelecimento dos bolbos. A plantação é efectuada a 15 cm de linha a linha e a 10 cm de planta a planta, *ou seja,* com um espaçamento de 15 cm x 10 cm.

Produção de bolbos de excelente qualidade para cebola de qualidade

Germinação saudável de sementes de cebola Bolbos da variedade de cebola ADR Bolbos da variedade de cebola L-883

Transplantação de mudas

As plântulas são geralmente transplantadas em canteiros planos. A transplantação em canteiros elevados ou em ambos os lados dos cumes é melhor para as culturas da estação das chuvas ou *da kharif.* As camas planas de 1,8 m de largura e 7,2 m de comprimento dependem do nível do terreno, do solo e do método de irrigação. As plântulas com cerca de 6-7 semanas de idade são transplantadas na estação *kharif,* enquanto as plântulas com 8-9 semanas de idade são ideais para a estação *rabi.* O aparafusamento aumenta nas plântulas plantadas com idade excessiva e o estabelecimento das plântulas torna-se deficiente nas plântulas mais jovens. Aquando da transplantação, um terço do topo das plântulas deve ser removido para obter um bom estabelecimento das plântulas.

A melhor época de transplantação da cebola da campanha é julho-agosto em Maharashtra e agosto nas regiões do norte do país. A cebola *da kharif* em Tamil Nadu e Andhra Pradesh é cultivada em canteiros elevados através da plantação precoce de plântulas. A transplantação de plântulas para a kharif *precoce* é feita em abril-maio em Tamil Nadu, enquanto em Andhra Pradesh é feita em maio-junho. Em Maharashtra, a transplantação das plântulas para o kharif *tardio* é feita em outubro-novembro.

A melhor altura para a transplantação da cebola *rabi* no Norte e Leste da Índia é entre o final de dezembro e a primeira semana de janeiro. A melhor altura para as outras regiões do país é em meados de dezembro. Nos Estados orientais, onde a cebola se segue ao arroz, a transplantação é efectuada em outubro-novembro. Nas zonas de Nashik e Karnal, a plantação em meados de dezembro da cebola Agrifound Light Red e Pusa Red dá maior rendimento. Nas colinas médias do Norte, as plântulas de cebola são transplantadas em novembro e abril. A imersão das plântulas em fungicidas de raiz (Carbendazin @ 0,1 %) e em solução inseticida (Monocrotophos @ 0,1 %) antes da transplantação ajuda a um melhor estabelecimento das plântulas.

Espaçamento

O espaçamento depende da variedade. No caso da cebola comum de tamanho grande, o melhor é um espaçamento de 15 cm de linha a linha e de 10 cm de planta a planta. Para o método de plantação em canteiros elevados, um espaçamento de 10 cm x 10 cm a 12 cm x 10 cm é ideal para um maior rendimento e capacidade de armazenamento dos bolbos. Para a cebola pequena de decapagem, recomenda-se um espaçamento de 8,0 cm x 5,0 cm se a cultura for efectuada pelo método de sementeira.

Gestão de viveiros

As sementes são geralmente semeadas em camas de viveiro elevadas (15-22 cm de altura) para serem transplantadas para o campo principal. A largura da cama de viveiro deve ser de 65 cm e o comprimento de 3-4 m. A distância entre duas camas deve ser de 45-60 cm. A superfície das camas deve ser lisa e bem nivelada. O solo do viveiro deve ser irrigado 15-20 dias antes da sementeira e coberto com polietileno transparente de 250 gauge para solarização do solo. A aplicação de *Trichoderma viride* @ 1250 g/ha também é recomendada para controlar o amortecimento. *O Trichderma viride* deve ser misturado em 25 vezes o FYM decomposto uma semana antes, depois disso espalhado no campo e misturado com arado. Após a sementeira, as sementes devem ser cobertas com FYM em pó fino ou composto, seguido de uma rega ligeira com um regador. Depois disso, as camas devem ser cobertas com palha seca ou folhas de erva ou de cana-de-açúcar para manter a temperatura e a humidade necessárias. A rega deve ser feita com um regador conforme a necessidade. Os materiais de cobertura devem ser removidos imediatamente após a germinação. As plântulas estão prontas para serem transplantadas 6-7 semanas depois de terem 0,6-0,9 cm de diâmetro para a época de *kharif* e 8-9 semanas de idade para as épocas de kharif *tardio* e *Rabi*.

Preparação dos canteiros Semeadura das sementes em viveiro Cobertura das sementes com vermicomposto
Viveiro saudável Pronto para transplante Bom desenvolvimento radicular
Tratamentos de imersão das raízes com fungicidas Preparação do campo Preparação da linha para transplantação

Necessidades em nutrientes e sua gestão

O solo para o cultivo da cebola deve ser liberalmente adubado e fertilizado. A aplicação de 20-25 toneladas de FYM/ha no solo é considerada adequada. Os fertilizantes químicos, tais como 100 kg de N, 50 kg de P, 50 kg de K e 30 kg de S, são necessários para a produção de bolbos de boa qualidade. A adubação de cobertura deve ser aplicada um mês antes da transplantação/plantação ou sementeira e bem misturada no solo. Toda a quantidade de fósforo, potássio, enxofre e metade do azoto deve ser misturada no solo antes da transplantação. As restantes meias doses de azoto devem ser dadas como cobertura em duas doses iguais, a primeira dose deve ser aplicada 30 dias após a transplantação e a segunda dose 45 dias após a transplantação. A aplicação de biofertilizantes (Azotobactor) nos campos de cebola aumentou significativamente o crescimento, o rendimento e a qualidade da cebola. A inoculação de Azotobactor nos campos de cebola registou um teor máximo de matéria seca dos bolbos e de sólidos solúveis totais. [6,7,8](Mamatha 2006, Sofia et al., 2006 e Yadav et al., 2013 na cultura da cebola)

Gestão da irrigação

As irrigações dependem de vários factores, como o crescimento da cultura, o tipo de solo e a época de plantação. A cebola é uma cultura de raízes pouco profundas. O seu sistema radicular restringe-se normalmente aos 3,0 cm superiores e as raízes raramente penetram a uma profundidade superior a 15 cm. A necessidade de água da cultura no período de crescimento inicial é menor. O intervalo de irrigação de 15 dias na cebola Rabi até 60 dias e 8 dias depois deu melhores resultados.

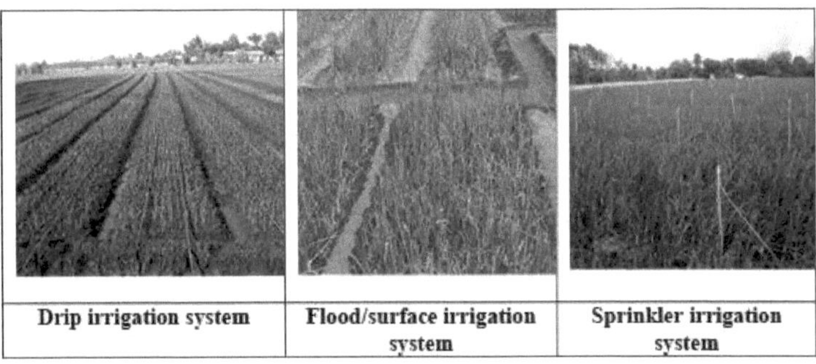

Drip irrigation system	Flood/surface irrigation system	Sprinkler irrigation system

Sistema de rega gota a gota Sistema de rega por inundação/superfície Sistema de irrigação por aspersão

Gestão de ervas daninhas

Por se tratar de uma cultura plantada de perto e com raízes pouco profundas, a monda manual, particularmente quando as culturas estão em plena fase vegetativa, é difícil. Muitas vezes, devido à falta de mão de obra, é difícil gerir manualmente as ervas daninhas. Além disso, é também dispendioso. Por isso, recomenda-se a utilização de herbicida juntamente com uma monda manual na fase crítica. O uso de stomp @ 3,5 litros/ha aplicado 3 dias após o transplante mais 1 capina manual aos 45 dias deu melhores resultados. Oxyflurofen (goal) @ 1 ml/l pulverizado após 3 dias de plantio é muito eficaz com uma capina manual também é considerado muito eficaz. A pulverização de cytozyme @ 0,2% pulverizada aos 15 e 45 dias após o transplante é considerada eficaz. A imersão das raízes das plântulas durante 20 minutos antes da plantação e as pulverizações foliares são consideradas mais eficazes no desenvolvimento dos bolbos e no aumento do rendimento.

Spray of weedicide	Effect of goal after 2-3 days transplanting	Effect of goal and Turga super after 21 days of planting

Pulverização de herbicida Efeito do objetivo após 2-3 dias de transplante Efeito do objetivo e do Turga super após 21 dias de plantação

Principais pragas de insectos e sua gestão

Tripes

O *tripes* da cebola, *Thrips tabaci* Lindeman (Thysanoptera: Thripidae), é uma praga importante e potencial da cebola em zonas tropicais. Embora a cebola seja o hospedeiro preferencial, os principais hospedeiros alternativos incluem a couve, o algodão, o tomate, o pepino, o melão, a abóbora, o morango e muitas plantas com flor. Os tripes atacam a cebola em todas as fases de crescimento da cultura, mas o seu número aumenta a partir da iniciação dos bolbos e mantém-se elevado até ao desenvolvimento e maturidade dos bolbos. Tanto as ninfas como os adultos causam danos diretos, perfurando a epiderme das folhas e sugando a seiva com peças bucais perfurantes e sugadoras modificadas. Por vezes, as plantas apresentam torção e enrolamento. Se o ataque for na cultura de sementes, as flores ficam descoloridas, deformadas e secas.

Gestão

A pulverização foliar de inseticida é uma prática eficaz de gestão de tripes na cebola. Muitos insecticidas como Deltametrina 2.8% EC @ 0.095%, Lambdacyhatothrin 5 EC @ 0.05%, Fipronil @ 0.1%, Spinosad 45% EC @ 0.1% EC e Profenophos 50 EC @ 0.1% suprimem a população de tripes. A adição de adesivo @ 0,06% é útil para a retenção e disseminação do fluido de pulverização nas folhas eretas.

Lagarta da grama e verme de corte

A lagarta da grama (*Helicoverpa armigera* Hiibner) é uma praga polífaga, que ocorre esporadicamente na cebola cultivada para semente. As larvas alimentam-se no interior do caule e deslocam-se para cima, atingindo a base da umbela nas fases iniciais da floração. Em seguida, invadem a umbela e alimentam-se das sementes. Como resultado, ocorre a secagem completa das flores e a perda total das sementes.

O bicho-da-corte (*Agrotis ipsilon*) tem um hábito noturno. Os ovos da lagarta-preta são depositados isoladamente ou em pequenos tufos nas folhas ou nos caules. As larvas neonatas instalam-se logo abaixo da superfície do solo para se alimentarem. As larvas são de cor cinzenta a preta e permanecem no solo perto da planta. A lagarta sai à noite e corta as jovens plântulas de cebola ao nível do solo.

Gestão

A gestão do black cutworm baseia-se frequentemente em pulverizações de insecticidas de grande volume diretamente nas bases das plantas. A aplicação no solo de Chlorpyriphos 2,5 litros/ha, seguida de NSKE a 5%, controla eficazmente o crisomelídeo. O HNPV @ 250 LE/ha é aplicado para o controlo da lagarta da grama da cebola. Concentrar a pulverização na base da planta e fazer a pulverização nas horas da noite.

Principais doenças e sua gestão Amortecimento

Principalmente causada por *Fusarium oxysprum* f. sp. *Cepae,* é muito comum em quase todas as zonas de cultivo de cebola em viveiro. Foi também assinalado que *Pythium* spp. e *Sclerotium rolfsii* causam a doença do amortecimento em algumas bolsas. A doença é mais prevalecente nas regiões norte e leste do país na estação *kharif,* causando uma mortalidade de 60-75% das plântulas em viveiro. A doença aparece em duas fases denominadas amortecimento pré e pós-emergência:

Amortecimento pré-emergência: As plântulas mais jovens são mortas antes de atingirem
para a superfície do solo. O radical e a plúmula, quando saem da semente,
sofrem um apodrecimento completo. Como isto acontece abaixo da superfície do solo, o resultado é
em fraca emergência de plântulas em viveiro.

Amortecimento pós-emergência: O agente patogénico ataca a região do colo das plântulas
perto da superfície do solo. A parte do colarinho apodrece e as plântulas acabam por cair e morrer.

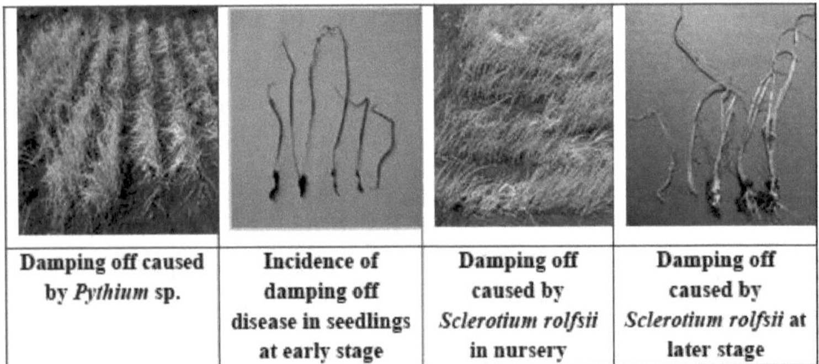

Damping off caused by *Pythium* sp.	Incidence of damping off disease in seedlings at early stage	Damping off caused by *Sclerotium rolfsii* in nursery	Damping off caused by *Sclerotium rolfsii* at later stage

Amortecimento causado por *Pythium* sp.

Incidência da doença do amortecimento em plântulas na fase inicial

Amortecimento causado por *Sclerotium rolfsii* em viveiro

Amortecimento causado por *Sclerotium rolfsii* numa fase posterior

Gestão

As sementes saudáveis devem ser usadas e tratadas com fungicida antes da sementeira para uma gestão adequada do amortecimento. O tratamento das sementes deve ser efectuado com Thiram a 2 g/kg de semente antes da sementeira. A solarização do solo usando polietileno transparente de calibre 250 por 25 dias antes da semeadura e a aplicação de *Trichoderma viride* no solo @ 5,0 kg/ha também é eficaz para gerenciá-lo em uma extensão considerável. O encharcamento com fungicidas como Captan ou Thiram @ 0,2% ou Carbendazim @ 0,1% no viveiro 7 e 15 dias após a semeadura controla efetivamente a doença.

Mancha púrpura

A doença é causada por *Alternaria porri* (Ellis) Cif. As manchas típicas em forma de olhos aparecem nas folhas e nos caules das flores como pequenas manchas esbranquiçadas, afundadas, com o centro de cor púrpura. Mais tarde, surgem grandes áreas púrpuras, formando manchas mortas. A doença aparece a uma temperatura de 28-30°C e uma humidade relativa de 90-100%. É mais comum na estação *kharif do* que na estação *Rabi.*

Gestão

Os fungicidas, como Mancozeb @ 0,25% ou Chlorothalonil (Kavach) @ 0,2% ou Iprodion @ 0,25% devem ser pulverizados em intervalos quinzenais logo após o aparecimento da doença. A pulverização foliar sequencial de fungicidas em combinação com insecticidas (Mancozeb @ 0,25% + Metomil @ 0,8g/litro, Propiconazole @ 0,1% + Carbosulfan @ 2ml/litro, oxicloreto de cobre @ 0,25% + Profenofos @ 1ml/litro) em intervalos quinzenais controla eficazmente as doenças foliares incluindo a mancha púrpura. O adesivo deve ser misturado numa solução de pulverização a 0,06% para um melhor efeito dos pesticidas contra as doenças foliares.

Ferrugem do estemfílio

A doença é causada por *Stemphylium vesicarium* (Wallr.) Simmons. Os sintomas ocorrem na face dorsal das folhas de plântulas transplantadas no estádio de 3-4 folhas. A infeção aparece como pequenas manchas ou estrias amarelas a laranja pálido no meio das folhas, no lado interno e nos caules das flores.

Gestão

A pulverização de fungicida como Mancozeb @ 0,25% ou Chlorothalonil @ 0,2%, juntamente com insecticidas Deltamethrin (Decis) @ 0,10% e adesivo em intervalos quinzenais deve ser seguida logo após o aparecimento da doença. A pulverização foliar sequencial de fungicidas com insecticidas (Mancozeb @ 0,25% + Methomyl @ 0,8g/litro, Propiconazole @ 0,1%+Carbosulfan @ 2ml/litro, Copper oxychloride @ 0,25% + Profenofos @ 1ml/litro) em intervalos quinzenais controla eficazmente as doenças foliares. O adesivo deve ser misturado numa solução de pulverização a 0,06% para um melhor efeito dos pesticidas contra o míldio do estamefílio.

Purple blotch | Purple blotch in seed stalk | Stemphylium blight

Mancha púrpura Mancha púrpura no pedúnculo da semente Stemphylium blight

Preto Negrito

A podridão negra é uma importante doença de armazenamento da cebola causada por *Aspergillus niger* Van Teighem. A doença caracteriza-se pelo aparecimento de massas negras de esporos em pó que se encontram no exterior das escamas dos bolbos e que podem ser facilmente removidas. As massas negras de esporos também são observadas nas escamas internas em caso de incidência severa.

White rot | Black mold on white onions in storage

Podridão branca Bolor negro nas cebolas brancas armazenadas

Gestão

A doença é gerida eficazmente com uma pulverização de Carbendazim @ 0,1% antes de 15 dias após a colheita. Os bolbos devem ser devidamente secos e curados após a colheita. Deve proceder-se a uma seleção e classificação adequadas e os bolbos infestados ou feridos devem ser eliminados antes do armazenamento. A estrutura de armazenamento deve ser desinfectada com Carbendazim @ 1 g/litro e Chloropyriphos @ 5 ml/litro de água.

Vírus da mancha amarela da íris

A doença é causada pelo *Tomato Spotted Wilt Virus* (Tospovirus). Os sintomas típicos são lesões amareladas, cor de palha, em forma de olho ou de diamante nos caules das flores. Algumas lesões no pedúnculo apresentam anéis concêntricos que se alteram com pigmentos de cor verde e amarela. O número de manchas varia de uma a várias num talo de semente de cada vez, e as manchas aparecem na parte superior, média e inferior do talo. A ondulação e a formação de faixas no caule das sementes são observadas a partir do ponto de infeção onde se desenvolvem as manchas necróticas. Em condições severas, as manchas podem enrugar o escapo, secando a umbela e reduzindo o rendimento e a qualidade da semente. A doença é mais comum na cultura de sementes do que na cultura de bolbos.

Transmissão da doença: O tripes (*Thrips tabaci)* é o único vetor conhecido para a transmissão do seu vírus.

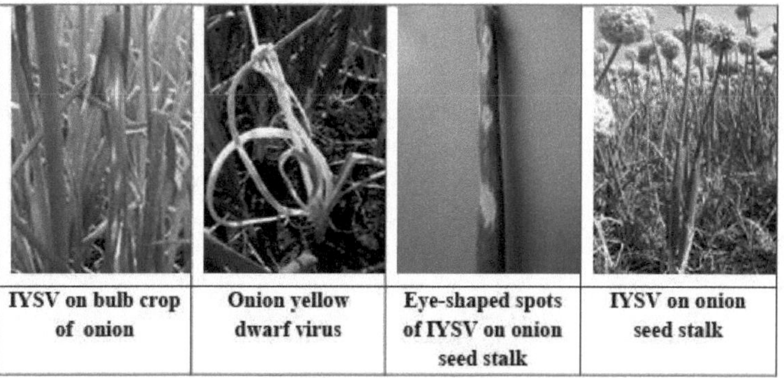

IYSV on bulb crop of onion	Onion yellow dwarf virus	Eye-shaped spots of IYSV on onion seed stalk	IYSV on onion seed stalk

IYSV na cultura de bolbos de cebola Onion yellow dwarf virus Manchas oculares de IYSV no caule de sementes de cebola IYSV no caule de sementes de cebola

Gestão

A pulverização de Deltametrina 2,8 % EC @ 0,1% ou Spinosad 2,5 % SC @ 0,1 % ou Fipronil 5 % SC @ 0,15% a intervalos de 15 dias permite um bom controlo dos tripes antes da floração. A pulverização de pesticidas deve ser feita à noite para evitar efeitos adversos nas abelhas melíferas das culturas de sementes, que desempenham um papel importante na polinização. A pulverização com bioagente como *Beauveria bassiana* @ 0,4% seguida de óleo de neem @ 0,4% também dá um controlo satisfatório do inseto vetor.

Colheita

A colheita da cebola depende do objetivo da cultura. A colheita demora 45-90 dias a partir da colocação no campo para as cebolas verdes e 65-150 dias para os bolbos, consoante as variedades. Considera-se que os bolbos estão maduros quando os tecidos do pescoço começam a amolecer e os topos estão prestes a absceder e a descolorir. O desenvolvimento do pigmento vermelho e a pungência da variedade são também importantes índices de colheita da cebola.

As cebolas para utilização em verde são colhidas logo que atingem o tamanho comestível. As plantas são arrancadas à mão, as raízes são aparadas e a pele exterior é retirada, deixando as folhas limpas e a parte inferior do bolbo branca. As cebolas são lavadas, selecionadas e atadas em molhos. O tamanho do molho depende da preferência do mercado local. Se as cebolas tiverem de ser transportadas para um mercado longínquo, são embaladas em caixas com gelo picado para evitar a descoloração e o murchamento das folhas a altas temperaturas.

A cebola destinada a ser vendida em bolbos secos ou a ser armazenada deve ser colhida depois de os capítulos começarem a cair. A melhor altura para colher a cebola *Rabi* é uma semana após a queda de 50% dos topos. Na estação *kharif*, uma vez que os topos não caem, pouco depois de a cor das folhas mudar para ligeiramente amarelo e os topos começarem a secar, desenvolve-se a pigmentação vermelha nos bolbos e desenvolvem-se a forma e o tamanho verdadeiros. Após a colheita, os bolbos são mantidos em leiras para secagem da parte superior. As cebolas de pequena colheita e as cebolas multiplicadoras são colhidas quando 50-75% dos topos estão caídos. As folhas são cortadas, deixando 2,0-2,5 cm acima dos bolbos após a secagem completa. Deixar os topos intactos até à secagem completa aumenta o teor de matéria seca, o que pode ser devido a uma maior perda de água dos bolbos com a folhagem intacta ou ao movimento de materiais dos topos para os bolbos. Se os topos forem cortados demasiado perto, o colo não fecha bem e os organismos de decomposição têm acesso fácil aos bolbos. A colheita precoce resulta na germinação dos bolbos, enquanto a colheita tardia resulta na formação de raízes secundárias durante o armazenamento. Na época *da kharif*, a colheita tardia provoca a duplicação e o aparecimento de bolbos.

50 % top fall of onion	Close view of neck fall in onion	Harvesting is in progress

50 % de queda do topo da cebola Vista de perto da queda do colo da cebola
A colheita está em curso

Secagem e cura

O objetivo da secagem é remover o excesso de humidade da pele exterior e da região do pescoço dos bolbos de cebola, a fim de reduzir a infeção de organismos causadores de doenças, minimizando simultaneamente o encolhimento causado pela remoção da humidade do interior. A cura é um processo adicional que contribui para o desenvolvimento da cor da pele e também é praticada para remover o calor do campo antes de os bolbos serem armazenados. O período de tempo necessário para a cura depende em grande medida das condições climatéricas. No inverno, no Norte da Índia, quando a temperatura é baixa na altura da colheita, é necessária uma cura completa durante 2-3 semanas, juntamente com os topos. Na estação *de Rabi,* os bolbos são curados no campo durante 3-5 dias através do método de leira, os topos são cortados deixando 2,0-2,5 cm acima dos bolbos e depois os bolbos são novamente curados à sombra durante 7-10 dias para remover o calor do campo. No Norte da Índia, a cura da cebola é praticada ao sol na estação *da colheita*. Sempre que a temperatura é baixa, os bolbos são curados artificialmente através da passagem de ar quente a 460 C durante 16 horas. A cebola produzida na estação *da* colheita em Maharashtra, depois de colhida, deve também ser curada no campo pelo método de leira durante 3-5 dias e, em seguida, os topos devem ser cortados, deixando 2,02,5 cm acima dos bolbos. Os bolbos devem ser levados para a sombra e curados durante 7-10 dias para eliminar o calor do campo. A cura à sombra melhora a cor dos bolbos, reduzindo significativamente as perdas durante o armazenamento. Este sistema de cura pode ser efectuado para pequenas cebolas de decapagem e multiplicadoras também para minimizar as perdas no manuseamento e armazenamento. Dado que o período de cura no campo depende do tipo de cebola e da temperatura prevalecente, os índices de secagem da folhagem são considerados como a conclusão da cura no campo. A fissuração da pele exterior é um problema no manuseamento da cebola *da colheita* tardia. A cura à sombra durante 10-12 dias contribui para o desenvolvimento de um maior número de peles e para a sua conservação durante um período mais longo.

Seleção e classificação

As cebolas de cura são classificadas manual ou mecanicamente antes de serem armazenadas ou comercializadas. Para obter um melhor preço, são selecionados os bolbos de pescoço grosso, os bolbos aparafusados, os bolbos duplos, os bolbos feridos, os bolbos deformados, os bolbos imaturos e os bolbos deteriorados. As escamas secas exteriores são geralmente retiradas durante o processo de classificação, dando às cebolas um melhor aspeto no mercado. Os bolbos de tamanho médio (4,0-6,0 cm) são bons para serem armazenados. Se o armazenamento for efectuado após uma seleção e classificação adequadas, as perdas durante o armazenamento são reduzidas. A classificação é essencial para a comercialização da cebola nos mercados interno e externo. No mercado de Deli são necessários bolbos de grandes dimensões, ao passo que nos mercados de Calcutá, Pune e Lucknow são procuradas cebolas de dimensões médias. Benguluru, Bhopal, Jabalpur e Hyderabad exigem bolbos de tamanho médio e grande com uma qualidade média de retenção da pele. Em Bhubaneshwar, Guwahati e na região nordeste, a preferência recai sobre as cebolas de tamanho pequeno.

Sorting and grading of bulbs	Manual grading of bulbs	Onion grader

Seleção e classificação de bolbos Classificação manual de bolbos Classificadora de cebolas

Embalagem

As cebolas são acondicionadas em sacos de juta para serem transportadas para os locais de comercialização ou transportadas a granel. Para um manuseamento seguro, devem ser utilizados no mercado interno sacos de juta de malha aberta de 40 kg, com um peso de 200-300 g. Para exportação, as cebolas grandes comuns são embaladas em sacos de malha aberta de 5-25 kg. As cebolas Bangalore Rose e multiplicadoras são embaladas para exportação em cestos de madeira de 14-15 kg. Os sacos de plástico com rede, embora sejam atractivos e mais resistentes, são atualmente utilizados comercialmente, quer no mercado interno quer no mercado de exportação. Nos países estrangeiros, os sacos de plástico com rede para a embalagem de cebolas são habitualmente utilizados.

Rendimento económico (q/ha)

A cebola grande comum dá um rendimento de 20-30 toneladas/ha, enquanto as cebolas pequenas de decapagem dão 16-20 toneladas/ha. As cebolas multiplicadoras dão um rendimento de 15-18 toneladas/ha, dependendo das variedades e das práticas de gestão.

Estrutura de armazenagem

As estruturas de armazenagem comuns existentes em várias partes da Índia são quase idênticas, com exceção de uma ligeira diferença no que respeita ao pavimento e à ventilação. Nas regiões setentrionais do país, nomeadamente em Panipat (Haryana) ou em Jalalabad, no Uttar Pradesh, as estruturas são feitas de bambu ou de redes de *sarkanda* e o telhado é de colmo ou de *sirki,* coberto por cima com tecido de juta. As dimensões são de 1,2 m x 1,2 m x 3 m e a capacidade é de 40 quintais. A rede inferior é fixada a cerca de 30 cm de altura do nível do solo para permitir o arejamento. O custo atual é de cerca de Rs 15.000-20.000/.

As estruturas de cebola em Maharashtra, especialmente no distrito de Nasik, são designadas *por chawl.* Os lados destas estruturas são feitos de bambu ou de outras madeiras com uma distância de 1-2 cm entre si e o telhado é feito de colmo, folhas de amianto, telhas ou chapas de vidro. Não há ventilação na parte inferior, mas o pavimento é feito com a ajuda de terra, partículas de pedra e areia, e é elevado a partir do nível do solo. O tamanho dos armazéns varia de zona para zona. Normalmente, a largura é de 1,5 m e a altura de 1,5 m. O comprimento pode variar de 13,5 a 30 m. A capacidade varia de 200 a 600 quintais. O custo da mesma estrutura ronda os 2-3 lakh.

A estrutura disponível em Tamil Nadu é semelhante à do norte, exceto pelo facto de o comprimento ser maior e de serem utilizados pilares de pedra para apoio e folhas de coqueiro e erva seca para o telhado. O custo é de 20 000-30 000 rúpias.

Em Bihar, as estruturas têm 2-3 níveis, enquanto em Gujarat as estruturas têm um ou dois níveis. A altura de carga é de 1,2-1,5 m em todos os locais, exceto em Bihar, onde é de 30-60 cm. Existe ventilação suficiente através de janelas nas paredes e também pavimento elevado a alguma altura. As perdas nestas estruturas variam de 30 a 50%. O NAFED construiu estruturas de dois e três níveis em Maharashtra, onde as perdas são muito inferiores. O NHRDF desenvolveu um projeto-modelo de dois andares em Panipat e de um andar em Nasik, com ventilação adequada de todos os lados.

A melhor forma de armazenar os bolbos de cebola é a uma temperatura de 0° -2° C e a uma humidade relativa de 60-75%, o que só é possível em câmaras frigoríficas. (Tripathi e Lawande, 2007)

Model storage of onion	Two-tier storage	Traditional chawl of MS
Low cost storage	Low cost storage	Low cost tiles storage

Armazenagem-modelo de cebola Armazenagem em dois níveis Chwl tradicional de EM

Armazenagem de baixo custo Armazenagem de baixo custo Armazenagem de azulejos de baixo custo

Marketing

Entre os produtos hortícolas, a cebola tem a vantagem de ser menos perecível e de entrar nos canais de comercialização para o comércio interestatal e estrangeiro, em grande medida devido à vantagem adicional de poder suportar manuseamentos bruscos e envios a longa distância. Pode ser armazenado após a colheita durante um período considerável pelo método normal, mesmo em condições climatéricas desfavoráveis, e pode ser escoado posteriormente no mercado, quando os preços são favoráveis aos produtores. O seu período de escoamento no mercado é mais longo do que o de outros produtos hortícolas. Assim, existe uma enorme margem para aumentar a área e a produção desta cultura, proporcionando aos produtores de cebola melhores instalações de comercialização, bem como variedades de elevado rendimento e práticas agrícolas modernas [9]

A produção de cebola é efectuada em todo o país, mas a sua comercialização está bem organizada apenas em Maharashtra, Karnataka, Deli, Gujarat e Rajasthan. Os comerciantes vão diretamente às aldeias, contactam os produtores de cebola e compram os seus produtos. Nalguns Estados, os agricultores trazem os seus produtos para o mercado local e vendem-nos de forma não organizada. É, pois, necessário que a comercialização da cebola nos restantes Estados seja sujeita a um sistema de regularidade, como acontece em Maharashtra, Gujarat e Karnataka, onde os leilões abertos são obrigatórios nos mercados de assembleia. Devem ser criadas nos mercados instalações de calibragem, embalagem, cura, pesagem, etc., bem como instalações para os agricultores. Além disso, não dispomos de uma célula de serviço de informação sobre o mercado nos APMC em todas as principais zonas produtoras e centros de consumo de cebola, o que é necessário para obter informações adequadas e organizar a movimentação das existências com base nas necessidades de uma determinada zona. Devem ser criadas cooperativas de agricultores a nível das aldeias, onde quer que não existam, para os ajudar a comercializar os seus produtos. A comercialização direta da cebola deve ser desenvolvida pelos governos central e estatal no âmbito de diferentes regimes, a fim de evitar os intermediários entre produtores e consumidores.

Exportação

A Índia é o terceiro maior exportador de cebola do mundo, a seguir aos Países Baixos e a Espanha. As principais exportações destinam-se aos países do Golfo, à Malásia, a Singapura, ao Sri Lanka e ao Bangladesh. A exportação de cebola é canalizada através da NAFED. Dependendo da preferência de cor e tamanho dos bolbos, são exportadas diferentes variedades. Os países do Médio Oriente preferem bolbos de cor vermelha clara a vermelha escura. Na Malásia, a preferência recai sobre os bolbos vermelho-escuros. Na América e no Japão, a procura é de cebola amarelada ou castanha com uma pungência suave. Os mercados da Europa e do Japão preferem bolbos de grandes dimensões, enquanto em Singapura a procura é de cebolas pequenas. Os principais importadores de cebola indiana são o Bangladesh, a Malásia, os Emirados Árabes Unidos e o Sri Lanka. Cerca de 90% das exportações da Índia são de cebola grande (4-6 cm de diâmetro) e 10% de cebola pequena (34 cm de diâmetro) e cebola multiplicadora. A cebola grande é exportada para a Malásia, os países do Golfo, Singapura, Sri Lanka, Bangladesh, etc. e a cebola pequena e a cebola multiplicadora para o Bangladesh, Singapura e Malásia. A preferência de cor também varia consoante o país. Os países do Médio Oriente exigem vermelho claro a vermelho escuro, a Malásia vermelho escuro,

No Sri Lanka, a cebola é vermelha escura a vermelha clara e no Bangladesh a cebola é pequena, vermelha clara a vermelha escura. Os países europeus, o Japão e a América preferem cebolas amareladas ou castanhas com uma pungência suave.

Conclusão

A cebola é uma das mais importantes culturas hortícolas comerciais cultivadas na Índia. Os principais problemas enfrentados pelos produtores de cebola na produção foram o elevado custo dos pesticidas, a falta de conhecimento das doses recomendadas de fertilizantes, o elevado custo dos fertilizantes, a falta de conhecimento das medidas de controlo de várias pragas e doenças, a dificuldade em identificar as pragas e doenças, a falta de conhecimento do tratamento das sementes/plântulas, custo elevado do transporte, ausência de preços mínimos de apoio, existência de um grande número de intermediários no processo de comercialização, demasiada flutuação dos preços, problema de mão de obra técnica, taxas mais elevadas de encargos com a energia e os combustíveis, flutuação das matérias-primas e das aquisições e falta de material de embalagem de boa qualidade. É necessário aumentar a produção interna (através da adoção de variedades de elevado rendimento e de práticas agrícolas modernas) de forma consistente, para que a exportação de cebolas possa ser efectuada regularmente. Com efeito, a exportação regular contribui para aumentar os volumes e os agricultores obtêm também preços remuneradores. É necessário adotar a agricultura sob contrato para fins de exportação. É necessário apoiar os agricultores (para além do apoio existente) no desenvolvimento de instalações de armazenagem, a fim de aumentar o período de armazenagem. É necessário construir armazéns ventilados nos estaleiros navais para aumentar a exportação de cebolas de qualidade.

Referências

[1] Vavilov N.I. 1926 Origin and geography of cultivated Plants. Tradução inglesa de D Love (1992) Cambridge Univ. Press, Cambridge, U.K.

[2] VavilovN.I.eBurkinichD.D.1929 V/R.T.Z. pp156-158

[3] Prabhakar M, Hebbar SS, Nair AK, Panneer Selvam P, Rajeshwari RS, Praveen Kumar. Growth, Yield and Quality of Onion (Allium Cepa L.) as Influenced by Organic Farming Practices (Crescimento, rendimento e qualidade da cebola (Allium Cepa L.) influenciados pelas práticas de agricultura biológica). Revista Internacional de Microbiologia Atual e Ciências Aplicadas. 2017; 6(8):144-149. 7.

[4] Rotelli AE, Guardia T, Juarez AO, De la Rocha NE, Pelzer LE. Estudo comparativo de flavonóides em modelos experimentais de inflamação. Pharma Research. 2003; 48(6):601-606

[5]Chun SS, Vattem DA, Lin YT, Shetty K. Phenolic antioxidants from clonal oregano (Origanum vulgare) with antimicrobial activity against Helicobacter pylori. Process Biochemistry. 2005; 40(2):809-816.

[6] Mamatha HN. Efeito de fontes orgânicas e inorgânicas de azoto no rendimento e na qualidade da cebola (Allium cepa L.) e nas propriedades do solo em Alfisols. Tese de Mestrado (Agri.), Universidade de Ciências Agrícolas. Dharwad, Karnataka (Índia), 2006.

[7] Sofia PK, Prasad R, Vijay VK. A tradição da agricultura biológica reinventada. Indian Journal Traditional Knowledge. 2006; 5(1):139-142.

[8]Yadav et al., 2013Yadav SK, Subhash B, Yadav MK, Suresh P. Review of Organic Farming for Sustainable Agriculture in Northern India. Revista Internacional de Agronomia, 2013, 1-8.

[9]Kumar, R., Bishnoi, D.K., Rathi, A., & Prakash, S. (2016). Comportamentos de marketing e preço da cebola em Haryana. Jornal Indiano de Economia e Desenvolvimento, 12(1a), 7-11

CAPÍTULO 6

EXPLORAR O POTENCIAL NUTRICIONAL E ECONÓMICO DOS PRODUTOS HORTÍCOLAS

1Rakshanda Anayat, 2Shahnaz Mufti, 3Zahida Rashid, 2Shahnaz Parveen, 1Rehana Rasool, 1Angrej Ali e Asima Amin[2]

Faculdade de Agricultura (FoA), Wadura, SKUAST-Caxemira

Faculdade de Horticultura (FoH), Shalimar, SKUAST-Caxemira

3DARS Budgam, SKUAST-Caxemira

INTRODUÇÃO

Os produtos hortícolas são cada vez mais reconhecidos como essenciais para a segurança alimentar e nutricional. A produção de produtos hortícolas constitui uma oportunidade económica promissora para reduzir a pobreza rural e o desemprego nos países em desenvolvimento e é uma componente essencial das estratégias de diversificação das explorações agrícolas. Os produtos hortícolas são a fonte mais acessível de vitaminas e minerais necessários à boa saúde da humanidade. Atualmente, nem o poder económico nem o poder nutricional dos produtos hortícolas são suficientemente conhecidos. Para explorar o poder económico dos produtos hortícolas, os governos terão de aumentar o seu investimento na produtividade das explorações agrícolas (incluindo variedades melhoradas, alternativas aos pesticidas químicos e a utilização de culturas protegidas), na boa gestão pós-colheita, na segurança alimentar e no acesso ao mercado. Para tirar partido do poder nutricional dos produtos hortícolas, os consumidores precisam de saber como estes contribuem para a saúde e de os encontrar a preços acessíveis ou de os poder cultivar eles próprios. O consumo de hortaliças deve, portanto, ser estimulado por meio de uma combinação de intervenções no lado da oferta e comunicação sobre mudanças de comportamento, enfatizando a importância do consumo de hortaliças para uma boa nutrição e saúde. Para aproveitar plenamente o poder económico e nutricional dos produtos hortícolas, os governos e os doadores terão de dar aos produtos hortícolas uma prioridade muito maior do que aquela que recebem atualmente. Chegou o momento de dar prioridade aos investimentos em produtos hortícolas, proporcionando maiores oportunidades económicas para os pequenos agricultores e proporcionando dietas saudáveis para todos. As populações em crescimento e o aumento dos rendimentos, especialmente nas zonas urbanas, já estão a criar um aumento da procura no mercado, à medida que os consumidores procuram diversificar as suas dietas. O aumento da produção de produtos hortícolas para responder a esta procura cria oportunidades económicas importantes, especialmente para os pequenos agricultores. No entanto, o potencial dos produtos hortícolas para gerar impactos económicos e nutricionais positivos tem sido limitado pelos níveis relativamente baixos de apoio que os governos nacionais e os doadores internacionais dão à investigação e ao desenvolvimento do sector público dos produtos hortícolas. Os investimentos públicos e privados na agricultura ainda estão amplamente focados em culturas básicas e oleaginosas, e não em commodities ricas em micronutrientes [1]. O potencial dos produtos hortícolas, em primeiro lugar, para proporcionar novas oportunidades de crescimento económico aos pequenos agricultores que vivem em países tropicais e subtropicais de baixo rendimento e, em segundo lugar, para promover a segurança alimentar e nutricional e uma melhor saúde - para milhares de milhões de consumidores, em conformidade com os Objectivos de Desenvolvimento Sustentável. Os legumes mais dominantes na economia alimentar mundial são o tomate, as cucurbitáceas (abóboras, abóboras, pepinos e pepininhos), os alliums (cebolas, chalotas, alhos) e os pimentos. Estes produtos hortícolas são consumidos em quase todos os países, embora com muitas variações nas formas, tamanhos, cores e sabores, e são corretamente designados por "globais".

Aumentar a disponibilidade de uma gama diversificada de produtos hortícolas seguros

Para atender à crescente demanda do mercado por hortaliças a preços acessíveis, a produção tem que aumentar. Isso pode ser alcançado através da diversificação dos sistemas de culturas básicas para incluir hortaliças, bem como da intensificação dos sistemas especializados de hortaliças existentes, particularmente em áreas periurbanas [2]. Esta secção aborda primeiro a importância das acções para garantir que os produtos hortícolas são seguros para consumo e, em seguida, examina três desafios fundamentais para aumentar a oferta de produtos hortícolas: melhorar a produtividade nas explorações agrícolas, reduzir as perdas pós-colheita e melhorar o acesso ao mercado.

Garantir que os produtos hortícolas são seguros para consumo

A maioria dos produtos hortícolas é muito suscetível a danos causados por insectos e doenças das plantas na fase de produção. Certas pragas e doenças podem causar manchas ou formas estranhas, bem como reduzir os rendimentos. Uma vez que os consumidores valorizam muito a aparência dos produtos frescos oferecidos nos mercados, os gestores agrícolas recorrem frequentemente à utilização excessiva de pesticidas para reduzir estes riscos económicos. A utilização de pesticidas é muito mais intensa nas culturas de alto valor do que nas culturas de baixo valor e os agricultores tendem a pulverizar preventivamente para proteger o seu investimento [3,4] na Tailândia. Esta prática não só aumenta os riscos potenciais para a saúde e as preocupações com a segurança alimentar dos consumidores, como também expõe os trabalhadores agrícolas e as suas famílias a resíduos de pesticidas que podem afetar a sua própria saúde [5] . Como resultado, os consumidores estão cada vez mais preocupados com a segurança dos produtos hortícolas. Se os produtos hortícolas contiverem regularmente agentes patogénicos ou excederem os limites máximos de resíduos de pesticidas, os consumidores associarão os produtos hortícolas frescos a riscos para a saúde, em vez de benefícios para a saúde, e reduzirão o seu consumo. A modernização das cadeias de abastecimento (por exemplo, sistemas de refrigeração e de controlo de qualidade fornecidos pelos supermercados) apenas oferece uma solução parcial. Estudos revelaram que os produtos hortícolas vendidos nos supermercados têm uma menor contaminação microbiana do que os produtos hortícolas vendidos nos mercados húmidos [6], mas ambos podem estar igualmente contaminados com resíduos de pesticidas [7]. Os sistemas telefónicos regulares ou as aplicações da Internet estão a surgir como outras vias para os horticultores e os grupos de produtores se ligarem aos consumidores para obterem produtos hortícolas seguros e de alta qualidade. Os objectivos de segurança alimentar exigem que os decisores políticos definam normas adequadas para a produção e o manuseamento de produtos hortícolas e criem sistemas de controlo do seu cumprimento, incluindo a realização regular de testes de deteção de resíduos de pesticidas e de agentes patogénicos nos principais mercados e a divulgação pública dos resultados dos testes.

Melhoria da produtividade nas explorações agrícolas

A produtividade dos produtos hortícolas nas explorações agrícolas é muito variável. Por exemplo, o rendimento médio de tomate dos produtores nigerianos é de apenas 4 t/ha [8] . Em comparação, os produtores nos Camarões atingem rendimentos de 13 t/ha, na Índia 21 t/ha, e na China atingem até 51 t/ha [8]. Verificam-se diferenças de rendimento semelhantes noutros produtos hortícolas. Estas diferenças devem-se a uma enorme variabilidade das condições de cultivo e da utilização de factores de produção. Esta variabilidade indica o potencial para melhorar a produtividade nas explorações agrícolas através da inovação. Concentramo-nos aqui em três áreas-chave de inovação: melhoramento varietal, gestão de pragas e doenças, e cultivo protegido

Variedades hortícolas melhoradas

A disponibilidade de sementes de qualidade para os produtos hortícolas é fundamental para aumentar a produtividade nas explorações agrícolas. O aumento da oferta de produtos hortícolas a nível mundial tem estado associado a investimentos na investigação e desenvolvimento de variedades híbridas e à comercialização de sementes adequadamente adaptadas a condicionalismos de produção específicos. As políticas que apoiaram os investimentos privados no desenvolvimento e na produção de sementes de qualidade para produtos hortícolas deram os seus frutos em termos de volume da oferta de produtos hortícolas. Atualmente, o mercado indiano do sector das sementes de produtos hortícolas está avaliado em 580 milhões de dólares por ano e cresce a uma taxa de 5% ao ano [9]. A disponibilidade de uma gama diversificada de sementes será também importante para a adaptação às alterações climáticas.

Gestão segura e sustentável das pragas

Os agricultores identificam frequentemente as pragas e doenças das culturas como as suas principais fontes de risco, porque reduzem os rendimentos e afectam negativamente a capacidade de comercialização dos produtos. Há indicações de que a intensidade das pressões de pragas e doenças pode aumentar devido às alterações climáticas [10], pelo que os métodos de atenuação assumirão ainda maior importância no futuro. A experiência do World Vegetable Center indica que três conjuntos fundamentais de intervenções podem ajudar: utilização de métodos de biocontrolo, enxertia de plântulas de elevado rendimento em porta-enxertos resistentes e investimento em sistemas de cultivo protegidos.

Os métodos de biocontrolo (ou seja, a utilização de organismos vivos, como insectos predadores ou parasitas, para controlar as pragas) têm muito potencial para substituir os pesticidas químicos, melhorando assim a segurança alimentar e reduzindo os riscos de produção. No entanto, a difusão desses métodos é dificultada em muitos países pela rápida expansão do comércio mundial de pesticidas químicos e pela elevada satisfação dos agricultores com a eficácia dos pesticidas químicos, combinada com uma consciência dos riscos e um conhecimento limitados dos métodos de biocontrolo [11]

Cultura protegida

A incidência de pragas e doenças também pode ser reduzida através da utilização de sistemas de cultivo protegido. Estes sistemas permitem aos produtores obter um maior controlo sobre o seu ambiente de produção. Podem também permitir aos agricultores produzir legumes fora da época "normal" (frequentemente definida pela precipitação e temperatura). A produção levada ao mercado fora desta estação pode obter preços significativamente mais elevados. As tecnologias variam desde simples abrigos contra a chuva feitos de bambu e folhas de plástico até estufas totalmente equipadas que permitem o cultivo durante todo o ano. Um estudo realizado no Bangladesh mostrou que a formação dos agricultores para cultivar tomates na estação quente e húmida, utilizando abrigos contra a chuva de baixo custo, variedades resistentes ao calor e hormonas vegetais para induzir a floração, aumentou os rendimentos sazonais dos agricultores em 48% [14]

Redução das perdas pós-colheita

As perdas pós-colheita nas cadeias de valor dos produtos hortícolas são tipicamente grandes, estimando-se que, em muitos países em desenvolvimento, se situam na ordem dos 30-50% dos volumes de produção agrícola [15] . A redução destas perdas começa na exploração agrícola, com uma seleção adequada das variedades e a utilização de boas práticas agrícolas. Inovações simples na exploração agrícola, como a colheita à hora certa do dia e a triagem e classificação dos produtos, combinadas com a utilização de embalagens adequadas junto à porta da exploração, podem reduzir as perdas económicas.

Melhorar o acesso ao mercado

O aumento do acesso aos mercados nacionais, regionais e internacionais de produtos hortícolas pode constituir um importante incentivo ao rendimento dos agricultores que se dedicam à produção de produtos hortícolas, como mostra, por exemplo, [16] para o Quénia. Neste país, bem como no Gana, os produtores entraram com sucesso no negócio da exportação de produtos hortícolas, produzindo produtos hortícolas não tradicionais, como feijões franceses frescos e produtos hortícolas asiáticos, de acordo com especificações de mercado rigorosas, embalados para manter a frescura e enviados por via aérea ou marítima diretamente para supermercados na Europa. No Quénia, estas exportações estão avaliadas em cerca de mil milhões de dólares por ano [17].

Aumentar o consumo de vegetais para melhorar a nutrição

Para as populações de baixo rendimento, a prioridade alimentar é muitas vezes consumir alimentos ricos em energia suficientes para satisfazer a ingestão essencial de calorias. Os legumes são relativamente caros por quilocaloria de energia em comparação com os alimentos básicos, pelo que a baixa prioridade dada à compra de legumes parece compreensível. O aumento da disponibilidade de legumes é uma condição necessária, mas não suficiente, para atingir os níveis de ingestão recomendados de 400 g por dia. Também não é provável que o aumento dos rendimentos resulte num consumo satisfatório de fruta e legumes. Em alguns países, o consumo de produtos hortícolas diminuiu efetivamente, apesar do aumento do rendimento médio [18] . As mudanças nos padrões de consumo alimentar são complexas, reflectindo outros factores para além da disponibilidade e do preço [19,20]. Gostos, mudanças no estilo de vida, conveniência, hábitos alimentares, baixa consciência nutricional e preocupações com a segurança alimentar, todos emergem como razões potentes para que os vegetais nem sempre sejam incluídos nas refeições familiares. Certos segmentos da população (pense nas crianças pequenas) simplesmente não "gostam" de vegetais. Nalgumas áreas, as normas culturais associam o consumo de vegetais a um baixo estatuto social ou à pobreza. Noutros locais, o consumo de alimentos de origem animal, como a carne e os lacticínios, é entendido como um sinal de um estatuto social mais elevado ou como algo mais nutritivo do que os legumes. Para obter os benefícios nutricionais e de saúde associados à ingestão recomendada de hortaliças, os comportamentos dos consumidores precisam ser modificados. Esta secção descreve brevemente três abordagens chave que foram testadas para encorajar a inclusão de mais legumes em dietas mais saudáveis: comunicação para a mudança de comportamento com o objetivo de levar as pessoas a escolherem alimentos mais saudáveis, incluindo legumes, hortas caseiras para aumentar simultaneamente a procura e a oferta a nível doméstico, e a inclusão de legumes nos programas de refeições escolares para melhorar a nutrição das crianças em zonas pobres.

Comunicação de mudança de comportamento sobre o consumo de vegetais

As campanhas públicas que promovem o consumo de vegetais e a consciencialização nutricional fazem parte do panorama informativo em muitos países, por exemplo, a campanha "Five a Day" do Reino Unido. Os programas educativos em hospitais, escolas e mercados também incentivam a diversidade alimentar e os comportamentos alimentares que promovem uma boa nutrição. Tais campanhas e programas são regularmente conduzidos por organizações não governamentais em África e na Ásia, embora um maior enfoque na nutrição por parte de organizações nacionais e regionais (por exemplo, membros do movimento Scaling Up Nutrition) também tenha provocado um aumento do fluxo de informação sobre a qualidade da alimentação Estudos em países de elevado rendimento mostram que intervenções informativas simples podem levar as crianças a fazerem escolhas alimentares mais saudáveis, incluindo a associação de vegetais a poderes de super-heróis ou a atribuição de nomes de pratos de vegetais atraentes para as crianças. Outros "empurrões" para mudar os comportamentos alimentares envolvem simplesmente cortar os legumes em pedaços mais pequenos ou servir os legumes antes de servir a carne e os alimentos básicos [21,22]. Muito pouca investigação deste tipo foi efectuada ou aplicada nos países em desenvolvimento. Há uma necessidade urgente de o fazer. É necessária mais documentação para mostrar "o que funciona" para influenciar os consumidores em vários países, com preferências culturais variadas e com diferentes rendimentos, para aumentar a sua ingestão de vegetais para os níveis recomendados

Hortas domésticas e consumo rural de produtos hortícolas

As intervenções em hortas caseiras são muitas vezes dirigidas às mulheres, uma vez que são elas que controlam a escolha e a preparação das refeições, mas por vezes também é importante envolver os homens e as avós na comunicação sobre a mudança de comportamentos. Há provas de que as hortas caseiras contribuem para o empoderamento das mulheres no Bangladesh [23,24], mas é necessário testar isto também noutros países.

Refeições escolares

As refeições escolares constituem um bom ponto de partida para influenciar os regimes alimentares das crianças; estudos recentes fornecem provas sólidas do seu impacto nutricional [25,26]. Os benefícios nutricionais podem ser aumentados quando os programas de refeições escolares incluem frutas e legumes frescos juntamente com alimentos básicos, leguminosas, óleo vegetal, lacticínios e carne. Os programas de hortas escolares que envolvem uma combinação de educação nutricional e de saúde com experiência prática em jardinagem são uma abordagem integrada para influenciar o comportamento alimentar das crianças no sentido de escolhas alimentares mais saudáveis, incluindo fruta e legumes. As intervenções nas hortas escolares têm como objetivo expor as crianças, desde tenra idade, à fruta e aos vegetais e desenvolver hábitos alimentares e atitudes alimentares durante a infância que podem persistir até à idade adulta. Apesar de ser uma intervenção popular tanto em países de alto como de baixo rendimento, a base de evidência para atingir estes objectivos é escassa.

Conclusão

Os legumes são potências nutricionais, fontes essenciais de micronutrientes necessários para uma boa saúde. Os legumes acrescentam diversidade, sabor e qualidade nutricional aos regimes alimentares. Um maior enfoque nos produtos hortícolas pode ser a forma mais direta e mais acessível de proporcionar uma melhor nutrição para todos. Os produtos hortícolas são também motores económicos de economias agrícolas produtivas e rentáveis. A intensificação da produção de hortaliças tem o potencial de gerar mais renda e emprego do que outros segmentos da economia agrícola, tornando as hortaliças um elemento importante de qualquer estratégia de crescimento agrícola. Hoje em dia, porém, nem o poder económico nem o poder nutricional dos produtos hortícolas são suficientemente conhecidos. O enfoque de longa data nas culturas alimentares de base deve ser ajustado para ter uma visão mais alargada. Os governos e os doadores precisam de aumentar a prioridade dada ao aumento da produtividade dos sistemas de produção de produtos hortícolas, à redução das perdas pós-colheita e ao aumento da acessibilidade económica e do acesso ao mercado. As medidas destinadas a garantir a segurança dos produtos hortícolas são fundamentais. Com uma compreensão crescente das ligações entre a qualidade da dieta e a saúde, os decisores políticos devem também estar preparados para apoiar intervenções adicionais para promover o consumo de produtos hortícolas.

Referências

[1] Haddad, L., Hawkes, C., Webb, P., Thomas, S., Beddington, J., Waage, J., Flynn, D., 2016.A new global research agenda for food. Nature 540, 30-32.

[2] Pingali, P., 2015. Política agrícola e resultados nutricionais - ultrapassando a preocupação com os cereais de base. Food Secur. 7, 583-591.

[3] Beed, F., Dubois, T., Yang, R.-Y., 2015. Implicações nutricionais da agricultura urbana e periurbana. Agric. Dev. 26, 7-11.

[4] Riwthong, S., Schreinemachers, P., Grovermann, C., Berger, T., 2015. Intensificação do uso da terra, comercialização e mudanças no manejo de pragas da agricultura de terras altas de pequenos agricultores na Tailândia. Environ. Sci. Policy 45, 11-19. http://dx.doi.org/10. 1016/j.envsci.2014.09.003.

[5] Praneetvatakul, S., Schreinemachers, P., Pananurak, P., Tipraqsa, P., 2013. Pesticidas, custos externos e opções políticas para a agricultura tailandesa. Environ. Sci. Policy 27 103-113

[6] Duedu, K.O., Yarnie, E.A., Tetteh-Quarcoo, P.B., Attah, S.K., Donkor, E.S., Ayeh-Kumi, P.F., 2014. Um estudo comparativo da prevalência de parasitas humanos encontrados em vegetais frescos vendidos em supermercados e mercados ao ar livre em Accra, Gana. BMC Res. Notes 7, 836

[7] Wanwimolruk, S., Phopin, K., Boonpangrak, S., Prachayasittikul, V., 2016. Segurança alimentar na Tailândia 4: comparação de resíduos de pesticidas encontrados em três vegetais comumente consumidos comprados em mercados locais e supermercados na Tailândia. PeerJ 4, e2432.

[8] (FAO, 2017; média 2012-2014). FAO, 2017. FAOSTAT. Divisão de Estatística da FAO. Organização das Nações Unidas para a Alimentação e a Agricultura, Roma(Disponível em linha em) (http://www.fao.org/faostat/en/#data) (Acedido em 2 de fevereiro de 2017).

[9] Kapur, A., 2017. 10 empresas de sementes de hortaliças que alimentam o crescimento da agricultura. Rural Mark: Integr. Urban Rural Mark. 46-49.

[10]Bebber, D.P., Ramotowski, M.A.T., Gurr, S.J., 2013. Pragas e patógenos de culturas movem-se para o pólo em um mundo em aquecimento. Nat. Clim. Change 3 (11), 985988. http://dx.doi. org/10.1038/nclimate1990.

[11]Schreinemachers, P., Afari-Sefa, V., Heng, C.H., Dung, P.T.M., Praneetvatakul, S., Srinivasan, R., 2015. Proteção segura e sustentável das culturas no Sudeste Asiático: situação, desafios e opções políticas. Environ. Sci. Policy 54, 357-366.

[12]Kang, Y., Chang, Y.C.A., Choi, H.S., Gu, M., 2013. Estado atual e futuro das técnicas de cultivo protegido na Ásia. Ata Hortic. 33-40.

[13]Nair, R., Barche, S., 2014. Cultivo protegido de vegetais - situação atual e perspectivas futuras na Índia. Indian J. Appl. Res. 4, 245-247.

[14](Schreinemachers et al., 2016c) Schreinemachers, P., Patalagsa, M.A., Uddin, N., 2016a. Impacto e custo-eficácia da formação das mulheres em jardinagem doméstica e nutrição no Bangladesh. J. Dev. Eff. 8 (4), 473-488. http://dx.doi.org/10.1080/19439342.2016.1231704.

[15]FAO, 2011. Perdas globais de alimentos e desperdício de alimentos - EXtente, causas e prevenção. Alimentação
Organização das Nações Unidas para a Agricultura e a Alimentação, Roma.

[16]Muriithi, B.W., Matz, J.A., 2015. Efeitos de bem-estar da comercialização de vegetais: evidências de pequenos produtores no Quénia. Food Policy 50, 80-91. http://dx.doi. org/10.1016/j.foodpol.2014.11.001.

[17]Fernandez-Stark, K., Bamber, P., Gereffi, G., 2011. The Fruit and Vegetables Global Value Chain: Economic Upgrading and Workforce Development. Centro de Globalização, Governação e Competitividade, Universidade de Duke, Durham, NC.

[18]Painel Global, 2016. Sistemas alimentares e dietas: Enfrentar os desafios do século XXI.

Painel Mundial sobre Agricultura e Sistemas Alimentares para a Nutrição, Londres, Reino Unido.
[19]Kearney, 2010; Kearney, J., 2010. Tendências e factores de consumo alimentar. Philos. Trans. R. Soc. B: Biol. Sci.365, 2793-2807
[20]Traill, W.B., Mazzocchi, M., Shankar, B., Hallam, D., 2014. Importância do governo
políticas e outras influências na transformação dos regimes alimentares a nível mundial. Nutr. Rev. 72, 591604.
[21]Appleton, K.M., Hemingway, A., Saulais, L., Dinnella, C., Monteleone, E., et al., 2016. Aumento da ingestão de vegetais: justificativa e revisão sistemática das intervenções publicadas. Eur. J. Nutr. 55, 869-896.
[22]Wansink, B., Just, D.R., Payne, C.R., Klinger, M.Z., 2012. Nomes atraentes sustentam o aumento da ingestão de vegetais nas escolas. Prev. Med. 55, 330-332.
[23]Bushamuka, V.N., Pee, S., Talukder, A., Kiess, L., Panagides, D., Taher, A., 2005. Impact of a homestead gardening program on household food security and empowerment of women in Bangladesh. Food Nutr. Bull. 26. http://dx.doi.org/10.1177/ 156482650502600102.
[24]Patalagsa, M.A., Schreinemachers, P., Begum, S., Begum, S., 2015. Semeando sementes de empoderamento: efeito do treinamento de hortas domésticas das mulheres em Bangladesh. Agric. Food Secur. 4, 24. http://dx.doi.org/10.1186/s40066-015-0044-2.
[25]Painel Global, 2015. Refeições saudáveis nas escolas: Inovações políticas que ligam a agricultura, os sistemas alimentares e a nutrição. Resumo da Política. Painel Global sobre Agricultura e Sistemas Alimentares para a Nutrição, Londres, Reino Unido.
[26]Kristjansson, B., Robinson, V., Petticrew, M., MacDonald, B., Krasevec, J., et al., 2006. School Feeding for Improving the Physical and Psychosocial Health of Disadvantaged Students (Alimentação Escolar para Melhorar a Saúde Física e Psicossocial dos Estudantes Desfavorecidos) Campbell Systematic Reviews, 14.

CAPÍTULO 7

Produção de vegetais exóticos: Âmbito e Perspectivas como um Empreendimento Rentável

Susheel Sharma[1] , Prabhjeet Singh[2] , Rakshanda Anayat3,Shahnaz Mufti4,Shahnaz Parveen[4]
[1] *Professor Assistente (Horticultura), Escola de Biotecnologia, SKUAST-Jammu*
[2] *Responsável técnico, SKUAST-Jammu*
3Faculdade *de Agricultura (FoA), Wadura, SKUAST Caxemira*
4Faculdade *de Horticultura Shalimar, SKUAST-Caxemira*

INTRODUÇÃO

A diversificação agrícola, um processo através do qual os agricultores transferem as suas empresas agrícolas de empresas tradicionais para empresas modernas de elevado valor acrescentado, tem de desempenhar um papel vital nos tempos vindouros. A introdução de novas culturas hortícolas e o seu cultivo bem sucedido conduzem a diversificações horizontais e verticais. Os produtos hortícolas exóticos, principalmente os tipos europeus, constituem um desses grandes grupos, cujo cultivo em linhas comerciais não só trará a tão desejada diversificação como também impulsionará a exportação. Devido à crescente ocidentalização e ao aumento do nível de vida, a procura de produtos hortícolas exóticos está a aumentar continuamente nas cidades cosmopolitas e nos hotéis/restaurantes de luxo. Estes produtos hortícolas são saborosos, têm um elevado valor nutritivo e são esteticamente agradáveis. A maior parte dos produtos hortícolas exóticos são utilizados em saladas e sopas e também podem ser salteados. Além disso, estas culturas são muito remuneradoras e podem servir para fazer girar o dinheiro dos agricultores. Capsicum colorido, brócolos, couve-de-bruxelas, Knol-Khol, couve roxa, alface, espargos, milho doce para bebé, ervilhas, cebolinho, beterraba, couve, acelga, salsa, pastinaga, couve chinesa, alho francês e tomate cereja são importantes produtos hortícolas exóticos. Todos estes legumes requerem geralmente temperaturas frescas, exceto o milho, o pimento e o tomate.

A Índia é dotada de uma vasta gama de condições agro-climáticas tropicais, sub-tropicais e temperadas; por conseguinte, quase todos os tipos de culturas hortícolas cultivadas em todo o mundo podem ser cultivadas num ou noutro canto. Existe um grande potencial para os produtos hortícolas exóticos destinados ao mercado interno e à exportação. Estes podem ser cultivados durante todo o ano nas colinas e durante o inverno nas planícies. Estas culturas estão a ser cultivadas no Punjab, Maharashtra, Gujarat, Karnataka, Bangalore, Nova Deli, Uttaranchal e Himachal Pradesh. No Himachal Pradesh, estes produtos hortícolas são cultivados fora de época e os agricultores estão a obter rendimentos remuneradores. A alface e os brócolos são produzidos comercialmente em diferentes bolsas do Himachal Pradesh para abastecimento fresco dos Estados vizinhos e das cidades metropolitanas. Estes produtos hortícolas, quando produzidos segundo o modo de produção biológico, atingem preços mais elevados. O método de cultivo e venda de produtos hortícolas exóticos difere do cultivo típico. Um grande agricultor progressista da respectiva zona assume a responsabilidade pela recolha e comercialização e celebra um contrato com vários pequenos agricultores da mesma região. As empresas multinacionais distribuem as sementes de produtos hortícolas exóticos entre os agricultores e assumem a responsabilidade de comprar toda a produção a um preço fixo durante um ano.

Algumas empresas multinacionais iniciaram também a transformação de alguns legumes exóticos e os produtos estão a ser comercializados nos países europeus vizinhos.
Como sabemos, todos os legumes são uma fonte rica de fibras, nutrientes essenciais e vitaminas, e os legumes exóticos não são exceção a estas propriedades. As propriedades medicinais de alguns dos legumes exóticos mais importantes são as seguintes

Propriedades medicinais de alguns vegetais exóticos

Vegetais	Propriedades medicinais
Colorido Capsicum	Várias cores, incluindo vermelho (o mais doce), laranja, amarelo, Boa fonte de vitaminas C, A, B6, folato e potássio
Brócolos	Um composto chamado sulforafano, isolado desta planta, bloqueia o crescimento de tumores em ratos tratados com uma toxina cancerígena. Poderá ter aplicações futuras no tratamento do cancro humano
Espargos	Como é rica em sais alcalinos, ajuda a reduzir a acidez do sangue. A asparagina extraída desta planta é um medicamento para o tratamento da hidropisia cardíaca e da gota crónica.
Alface	Alimento ideal para a anemia, não necessita de tónico de ferro se tomar alface.
Alcachofra	Utilizado no tratamento de perturbações gástricas
Salsa	Contém uma substância química chamada apiina que impede a formação de gases e ajuda na digestão. Muito útil para quem sofre de tensão arterial.
Ruibarbo	Recomendado para doenças do fígado, perturbações do estômago e para erradicar a micose.
Alho-porro	Cura a tosse e a bronquite e mata os germes do tubo digestivo.

Tecnologia de produção

Sementeiras/plantações

Os espargos são cultivados a partir de sementes e as sementes são semeadas em viveiros bem preparados. Cerca de 2-2,5 kg de sementes são suficientes para criar coroas para plantar uma parcela de um hectare. As sementes são semeadas em linhas de 50 cm de distância na cama do viveiro, a uma profundidade de 2,5-5 cm, durante condições climáticas amenas, quando a temperatura é de 200 C (em março ou julho). Antes da sementeira, as sementes devem ser mergulhadas em água durante algumas horas a 26-300 C para uma melhor germinação. As coroas (raízes subterrâneas) bem desenvolvidas com um ano de idade são ideais para a plantação comercial. Uma vez que os espargos são dióicos, as flores masculinas e femininas são produzidas separadamente em plantas diferentes. As plantas masculinas produzem mais lanças do que as plantas femininas. Não é possível reconhecer o sexo das plantas no viveiro, mas as plantas são selecionadas de acordo com o seu crescimento radicular. As coroas com bom crescimento e ramificação são plantas masculinas e devem ser selecionadas. As coroas são escavadas na cama do viveiro e plantadas a 50 cm de distância em filas, mantendo-se um espaçamento de 1 m entre as filas. As coroas são plantadas em sistema de sulcos.
Para os **brócolos, couves-de-bruxelas, aipo, couve-chinesa, alho francês, alface e salsa**, as camas de viveiro elevadas são preparadas durante agosto-setembro nas

planícies do norte e as sementes são semeadas em setembro e outubro. As sementes são semeadas a 1-2 cm de profundidade e cobertas com ervas, seguidas de irrigação por aspersão. Após a germinação, a cobertura de erva é removida. Deve-se proceder a inspecções e cuidados regulares para criar plântulas saudáveis. Recomenda-se uma taxa de sementes de 750 g por hectare para o cultivo de brócolos e couves-de-bruxelas. As plântulas de um mês de idade são utilizadas para transplantação em campos preparados em setembro-novembro. As plântulas são normalmente transplantadas com um espaçamento de 60 cm
entre linhas e 45 cm entre plantas. Na alface, o espaçamento de 30 cm entre plantas e 30-45 cm entre linhas é mantido no campo e as plântulas de 5-6 semanas de idade são transplantadas para o campo bem preparado. Para a plantação de um hectare, 500 g de sementes são suficientes para criar as plântulas de alface. No aipo, a plantação de um hectare de terra requer 150-200 g de sementes e as plântulas de dois meses de idade, com 10-15 cm de altura, são transplantadas para parcelas bem adubadas, com um espaçamento de 60 cm entre linhas e 15 cm entre plantas. No alho-francês, são necessários 56 kg de sementes para criar as plântulas de um hectare e as plântulas de um mês a um mês e meio de idade são transplantadas a um espaçamento de 30 x 15 cm no campo preparado. No caso da salsa, são necessários cerca de 200-250 g de sementes para criar as plântulas de um hectare. As suas sementes são muito pequenas e de germinação lenta, pelo que a sua imersão durante algumas horas ajuda a uma germinação rápida. As plantas com dois meses de idade são transplantadas para o campo durante outubro-novembro, com um espaçamento de 30 cm entre linhas e 15 cm entre plantas, para um crescimento adequado da cultura.

O tomate-cereja pode ser cultivado duas vezes por ano nas planícies do norte da Índia. Para a cultura primavera-verão, as sementes são semeadas em viveiros durante os meses de novembro e dezembro e as plântulas são transplantadas de meados de janeiro a princípios de fevereiro, quando o perigo de geada já passou. As plântulas devem ser protegidas da geada no viveiro, cobrindo os canteiros com folhas de polietileno. Os canteiros elevados do viveiro assim preparados devem ser encharcados com fungicida adequado e esterilizados com formalina a 40 %, sendo meio litro de formalina suficiente para um canteiro de um metro quadrado. Por vezes, utiliza-se formaldeído a 10 % para fumigar os viveiros, que são cobertos com polietileno durante 24 horas logo após a fumigação. A cultura tardia *da kharif* ou do início do outono-inverno é obtida através do cultivo do viveiro em julho. As sementes são semeadas a 400-500 g/ha após 5-6 dias de fumigação e cobertas com ervas. As ervas são removidas logo após a germinação das sementes, que normalmente leva de 5 a 7 dias. As plântulas com um ou dois meses de idade, dependendo da estação (*kharif* ou inverno), são transplantadas para o campo principal com um espaçamento de 75 x 60 cm ou 60 x 60 cm. A plantação é feita normalmente em canteiros elevados de 60 cm de largura e as plântulas são colocadas num dos lados dos canteiros. Isto proporciona uma humidade adequada para as plantas se manterem de pé e sobreviverem.

O milho para bebé é cultivado na estação das monções nas planícies do norte. As sementes são semeadas diretamente na primeira semana de julho, em linhas com 75-90 cm de distância e 2,5-5 cm de profundidade. A distância entre plantas é mantida a 20-

30 cm. A taxa de sementeira varia de 12-14 kg por hectare, dependendo do tamanho da semente e da população de plantas desejada. É necessário embeber as sementes com bavistina a 3 g/kg de sementes antes da sementeira.

Adubos e fertilizantes

Os espargos precisam de FYM @ 20 toneladas/ha e NPK 120 kg, 120 kg e 100 kg por hectare por ano em duas doses divididas. A primeira dose é aplicada quando o crescimento começa e a segunda quando a colheita está concluída.

Os brócolos, as couves-de-bruxelas e as couves-chinesas requerem muito estrume e fertilizantes, tal como a couve-flor, mas necessitam de mais azoto, especialmente no final da estação de crescimento. Para obter um melhor rendimento das culturas, devem ser aplicadas 15-20 toneladas de FYM, 80 kg de azoto, 80 kg de fosfato e 40 kg de potássio por hectare, imediatamente antes da transplantação. A dose completa de fósforo e potássio e metade do azoto são aplicadas durante a preparação do solo e outra metade do azoto é aplicada em duas doses divididas como cobertura após 30 dias e 45 dias da transplantação. A deficiência de boro e molibdénio pode ser superada através da aplicação de bórax @ 10-12 kg/ha e molibdato de sódio @ 4-6 kg/ha no solo.

O aipo, sendo uma cultura exaustiva e de raízes pouco profundas, requer uma dose de fertilizante de 140 kg de azoto, 60 kg de fósforo e 60 kg de potássio por hectare para obter uma cultura bem sucedida. O FYM bem podre @ 20 toneladas por hectare é misturado no solo durante a preparação do solo. Uma dose pesada de fertilização com nitrogênio e potássio parece favorecer a deficiência de boro. Por isso, recomenda-se a aplicação de 10-20 kg de bórax por hectare. As plantas pulverizadas cuidadosamente com uma solução de ácido bórico a 1,5% reduziram a incidência de rachaduras no caule.

O tomate-cereja requer 20-25 toneladas de estrume bem apodrecido do pátio da quinta, 200 kg de superfosfato simples, 100 kg de sulfato de amónio e 75 kg de potassa por hectare. Estes são incorporados durante a preparação do solo. Outra dose de ureia @ 100 kg/ha é aplicada como cobertura em duas doses divididas após 30 e 45 dias de transplante.

No **alho-francês**, durante a preparação do solo, recomenda-se a utilização de 25 toneladas de terra arável, 75 kg de azoto, 100 kg de fósforo e 100 kg de potássio por hectare para uma cultura bem sucedida. São aplicados mais 75 kg de azoto em duas doses divididas, 30 dias e 45 dias após a transplantação, para um melhor rendimento da cultura.

Na **alface e** na **salsa**, recomenda-se a aplicação de 10 toneladas de FYM bem podre por hectare e uma dose de fertilizante de 100 kg de N, 60 kg de $P\ O_{25}$ e 60 kg de $K_2\ O$ para a cultura comercial da alface num hectare de terra. Em solos arenosos e franco-arenosos, devem ser aplicados 40-50 kg de N e 75-100 kg de P e K por hectare como dose basal e um terço a metade do azoto deve ser aplicado em duas doses como adubação de cobertura após 30 e 45 dias da plantação das plântulas.

O milho para **bebé** necessita de 20 toneladas de FYM, 100 kg de azoto, 50 kg de fósforo e 60 kg de potássio por hectare para um crescimento e rendimento bem sucedidos. Durante a sementeira, o fertilizante é aplicado em faixas divididas 5 cm abaixo das sementes.

Operação Intercultural e Irrigação

No caso dos **espargos**, a sacha e a monda devem ser efectuadas cuidadosamente durante a cultura, para evitar qualquer lesão nas raízes das plantas. A cultura deve ser regada frequentemente ou sempre que necessário. O branqueamento é uma operação importante que se efectua moldando o solo sobre as linhas, a fim de branquear as plantas jovens.

Os brócolos, as couves-de-bruxelas, o aipo, a couve chinesa, a alface e a salsa devem ser regados frequentemente, pelo menos uma vez por semana ou com um intervalo de 10 dias, se não houver chuva durante a estação. Um curto período de tempo seco reduz acentuadamente o rendimento e estas culturas têm respondido bem à irrigação suplementar. As culturas de adubação verde devem ser precedidas de culturas que aumentem a capacidade de retenção de água e melhorem a fertilidade do solo. As culturas temporãs necessitam de uma ligação à terra pelo menos uma vez quando a cultura tem 30-45 dias de idade para um melhor crescimento das plantas e também para controlar as ervas daninhas.

No caso do **tomate-cereja**, deve proceder-se a um cultivo frequente e pouco profundo para controlar as ervas daninhas. A monda manual é o melhor método para controlar as ervas daninhas. A formação e a poda são operações importantes nesta cultura, visto que o seu hábito de crescimento é indeterminado. As plantas podem ser conduzidas em estacas, treliças ou suspensas em arames aéreos. A planta treinada dá o máximo de frutos por planta e é mais fácil de apanhar os frutos com menos danos devido à podridão. Para o mercado precoce, as plantas de tomate-cereja são podadas num único caule e amarradas a uma estaca.

Sendo **o alho francês** uma cultura de raízes pouco profundas, é necessário efetuar uma sacha e uma monda ligeiras para um melhor crescimento das plantas. Duas a três sachagens e mondas manuais são benéficas para esta cultura. As plantas são escaldadas com terra. O solo é coberto até uma certa altura da planta. São necessárias irrigações ligeiras frequentes para o crescimento desta cultura.

O milho para bebé requer monda e sacha regulares em diferentes fases de crescimento da planta. Necessita de 15-25 acres de água durante toda a estação de crescimento. Os períodos críticos de necessidade de água são as fases de borla e de silagem. O método de irrigação por sulcos é geralmente praticado nesta cultura.

Colheita e armazenagem

Nos **espargos**, as lanças verdes são colhidas a partir do terceiro ano, durante a primavera, o verão e novamente no outono. Os espargos são cortados com uma faca a 3,5 cm abaixo da superfície do solo. Os espargos de 20-25 cm de comprimento são enviados para o mercado o mais cedo possível. Podem ser armazenados a 0-20 °C e 95 % de humidade relativa durante 2-3 semanas. O rendimento das lanças varia de 4-5 toneladas/ha após o quarto ano de plantação.

Nos **brócolos**, corta-se o cacho de botões florais verdes com 7-15 cm de diâmetro que se desenvolve no centro, deixando 20-25 cm de caule a partir do topo. Os botões florais são colhidos antes de se abrirem. Os rebentos laterais desenvolvem-se na axila das folhas e produzem cabeças comercializáveis de 3-7 cm de diâmetro, que são colhidas continuamente durante várias semanas. As cabeças de brócolos colhidas são aparadas até atingirem um comprimento de cerca de 15 cm e são feitos cachos. À temperatura ambiente, as cabeças dos brócolos tornam-se amarelas em cerca de 3 dias. A planta **da couve-de-bruxelas** demora 120 dias a produzir rebentos no norte da Índia. Os rebentos devem ser colhidos quando atingem o tamanho máximo e estão firmes. O atraso na colheita provoca o rebentamento dos rebentos. As condições óptimas de conservação das couves-de-Bruxelas são 00 C e 95-98 % de humidade relativa, para que se mantenham comercializáveis durante 3-5 semanas.

No **aipo**, cada planta é colhida por corte logo abaixo da superfície. Após a transplantação das plântulas, são necessários 100 a 120 dias para que estejam prontas para a colheita. Não se deve permitir que as plantas amadureçam demasiado, pois desenvolverão pecíolos pontiagudos que não serão comercializáveis. O aipo pode ser armazenado em trincheiras ou em câmaras frigoríficas. Na câmara frigorífica, o aipo é conservado a 00 °C e a 95-98 % de humidade relativa.

A colheita dos frutos **do tomate-cereja** começa 90 dias após a transplantação. O tomate-cereja deve ser armazenado em condições óptimas de temperatura de 120 °C e humidade relativa de 86-90 %.

A couve chinesa está pronta para a colheita após 80-90 dias de plantação. Na maturidade, toda a planta é cortada a partir da base. O principal critério para avaliar a fase de colheita do tipo de cabeça é que as cabeças devem estar completamente desenvolvidas e firmes e os tipos de folhas devem desenvolver um tamanho adequado e devem ser tenros. As cabeças podem ser conservadas durante 1 a 2 semanas em câmaras frigoríficas a uma temperatura de 00 °C e uma humidade relativa de cerca de 95 %.

Os alhos franceses são colhidos na fase verde, quando os caules atingem um diâmetro de 2 a 2,5 cm, e são comercializados em molhos, como as cebolas verdes. As plantas verdes são cortadas à mão e devidamente lavadas e aparadas antes da comercialização. Numa cultura bem gerida, pode obter-se um rendimento médio de 30 toneladas/ha.

As folhas **de alface de folha** são cortadas na fase tenra e suculenta. As alfaces de cabeça devem ser colhidas quando estão firmes e compactas. A alface pode ser armazenada durante 2-3 semanas a uma temperatura de 00 C e 90-95% de humidade relativa.

A salsa requer 90-100 dias desde a plantação até à primeira colheita. As folhas verdes e tenras são colhidas e atadas em molhos para serem comercializadas. As folhas podem ser armazenadas durante 2 meses sob refrigeração, ou seja, a 00C com humidade elevada.

O milho para bebé deve ser colhido na fase de leite, que é considerada a melhor fase comestível. Nesta fase, o sabor é doce, mas os grãos são maiores e o sumo tem um aspeto leitoso. O acastanhamento da seda também indica a colheita das espigas.

Lista de variedades importantes de vegetais exóticos

Nome do culturas	Polinização aberta	Híbrido
Espargos	**Variedades padrão:** Palam Sel. 841, Mary Washington, UC-72,	**Todos os híbridos machos:** Greenwich, Jersey Gem, Jersey General, Jersey Jewell,

	Perfection, Bloc Imperial **Variedades exclusivamente masculinas:** Jersey Giant, Jersey Knight.	Jersey King, Jersey Prince e Jersey Titan.
Brócolos	Italian Green, Green Head, Pusa Broccoli KTS-1, Palam Haritika, Palam Kanchan, Palam Samridhi, Palam Vichitra	Emperor, Everest, Excelsior, Green Belt, Liberty, Major, Marathon, Packman, Patriot, Pirate, Premium Crop, Windsor e Green Comet.
Couve-de-bruxelas	Hild's Ideal, Rubine, Anã de Bruxelas	Cruz de Jade, Cristal de Pérola, Doreman, Sonara, Boxer, Richard, Príncipe Marvel, Marvel Real e Oliver.
Açúcar para bebés	VL-42, MEH-14	Bebé dourado
Alho-porro	Palam Paushtik, Prémio, Bandeira de Londres e Musselburgo	-
Alface	Akano-1, Great Lakes, Penn Lake, Slobolt, Iceberg e Simpson Black Seeded	-
Salsa	Moss Curled, Curled Dwarf, Hamburg	

Manuseamento e armazenagem pós-colheita de produtos hortícolas exóticos

Os produtos hortícolas exóticos são muito perecíveis por natureza e é necessário manter uma cadeia de frio. Os produtos hortícolas, como os brócolos e os espargos, são transportados em carrinhas refrigeradas para longas distâncias. A embalagem em polietileno ou PEBD ajuda a manter os produtos hortícolas frescos e verdes durante muito tempo. O arrefecimento pode ser efectuado por arrefecimento a ar ou a vácuo, arrefecimento por ar forçado ou gelo líquido. Algumas culturas, como a alface, são muito sensíveis à exposição ao etileno; por conseguinte, deve evitar-se a armazenagem com culturas produtoras de etileno. A maior parte dos produtos hortícolas, como brócolos, couve roxa, couve-de-bruxelas, feijão-frade e alface, podem ser bem armazenados a 0-2° C com 90-95% de HR. Alguns legumes, como a couve roxa e a couve-de-bruxelas, podem ser armazenados durante 2-4 meses, respetivamente, a esta temperatura. Os espargos podem ser armazenados a 2° C e 95% HR e uma temperatura inferior a 2° C pode causar lesões por arrefecimento nas lanças.

Referências

- Ellison J H. 1986. In: Breeding Vegetable Crops (Ed. M.J. Bassett), pp. 521-69.
- Moon, S.S., Munshi, A.D., Verma, V.K. e Sureja, A.K. (2006) Heterose para caraterísticas bioquímicas em melão (*Cucumis melo* L.). *SABRAO J. Genet. Breed.* 38: 53-57.
- Rubatzky V E e Yamaguchi M. 1997. World Vegetables, ITP, Singapura.
- Shanmugavelu K G. 1989. Production Technology of Vegetable Crops, Oxford e IBH Publishing Co. Pvt. Ltd., Nova Deli.
- Shukla Y R, Jain Y C e Sharma O P (eds.). 1992. Cultural Practices for Vegetable Crops in Himachal Pradesh, Directorate of Extension Education, Dr. Y.S. Parmar UHF, Nauni, Solan.

- Sirohi, P.S. e Behera, T.K. 2000. Unusual exotic vegetables for higher profit. Boletim, IARI, Nova Deli, 37 p.
- Thompson H C e Kelly W C. 1972. Vegetable crops, Tata McGraw Hill Publishing Co. Ltd., Nova Deli.

CAPÍTULO 8

Cultivo sem solo: um guia para o cultivo de hortaliças sem solo

Shahnaz Mufti[1] , Rakshanda Anayat[2] , Aijaz Malik[1] , Rehana Rasool[2] ,Zahida Rashid[3] Marifa Gulzar[4]

Faculdade de Horticultura (FoH), Shalimar, SKUAST-Caxemira

[2]Faculdade de Agricultura (FoA), Wadura, SKUAST-Caxemira

3DARS-Budgam, SKUAST-Caxemira

4Estudante de investigação, Divisão de Ciências Vegetais, SKUAST-Kashmir

INTRODUÇÃO

O cultivo sem solo, também conhecido como hidroponia, é um método de cultivo de plantas sem utilizar o solo tradicional como meio de cultivo. Em vez disso, as plantas são cultivadas numa solução rica em nutrientes que fornece todos os elementos essenciais necessários para o seu crescimento. Esta solução é geralmente à base de água, mas também pode ser um meio inerte, como perlite, vermiculite, coco ou lã de rocha. No cultivo sem solo, as raízes das plantas são submergidas diretamente na solução nutritiva ou mantidas num meio que fornece suporte enquanto permite que as raízes acedam à solução nutritiva. As plantas recebem nutrientes essenciais diretamente numa forma dissolvida, o que permite um melhor controlo da absorção de nutrientes e um crescimento ótimo das plantas.

O cultivo sem solo é frequentemente utilizado em áreas com acesso limitado a terras férteis ou em ambientes urbanos onde o espaço é limitado. Permite o cultivo durante todo o ano, uma vez que os factores ambientais, como o clima e as mudanças sazonais, podem ser controlados. Além disso, as pragas e doenças transmitidas pelo solo são minimizadas em sistemas sem solo, reduzindo a necessidade de pesticidas e herbicidas. Em geral, o cultivo sem solo oferece vários benefícios, incluindo o aumento do rendimento das culturas, a utilização eficiente dos recursos e práticas agrícolas mais sustentáveis. Ganhou popularidade na agricultura comercial, bem como entre os amadores e jardineiros domésticos que apreciam a sua versatilidade e controlo sobre o crescimento das plantas.

Componentes de um sistema de cultivo sem solo

Os componentes básicos de um sistema de cultivo sem solo incluem:

A. Recipientes de cultivo: Para os jardineiros domésticos, o cultivo sem solo também pode ser efectuado utilizando vasos, recipientes ou sacos de cultivo tradicionais cheios com um meio de cultivo adequado. Estes podem ser recipientes de plástico ou metal, ou tabuleiros que contêm as plantas e o meio de cultivo. Os recipientes normalmente usados no cultivo sem solo incluem: Terraplanter, vasos de rede, vasos de tecido, vasos de plástico, vasos de ar, sacos de cultivo de plástico, pires, etc. A escolha do recipiente ou sistema depende de factores como o tipo de cultura, o espaço disponível, o orçamento e o nível de automatização e controlo desejado. Diferentes vegetais podem ter requisitos específicos em termos de pH, níveis de nutrientes e condições ambientais, pelo que é importante adaptar o seu sistema às necessidades das culturas que pretende cultivar.

B. Meio de cultura para cultivo sem solo:

A escolha de um meio de cultivo adequado para o cultivo sem solo em hidroponia é crucial, pois serve de suporte físico para as raízes das plantas e desempenha um papel na retenção da humidade, no arejamento e no fornecimento de nutrientes. Os meios de cultivo habitualmente utilizados incluem lã de rocha, perlite, vermiculite, coco, turfa, etc. As caraterísticas de um meio de cultivo ideal para o cultivo sem solo devem incluir

i. Esterilidade: O meio de cultura deve estar isento de agentes patogénicos, pragas e sementes de ervas daninhas para evitar a propagação de doenças e pragas num sistema sem solo.

ii. Aeração: Deve proporcionar um espaço de ar adequado para garantir que as raízes recebem oxigénio suficiente. Um bom arejamento é essencial para a saúde das raízes e evita o seu apodrecimento.

iii. Retenção de humidade: O meio de cultura deve ter a capacidade de reter a humidade sem ficar encharcado. Deve manter um equilíbrio entre o ar e a água, assegurando que as raízes tenham acesso a ambos.

iv. Neutralidade do pH: O meio de cultura deve ter um pH neutro ou ser facilmente ajustável para se adaptar às necessidades específicas de pH das culturas que estão a ser cultivadas.

v. Inércia química: Idealmente, o meio de cultura não deve libertar produtos químicos ou substâncias nocivas que possam afetar o crescimento das plantas ou alterar a composição da solução nutritiva.

vi. Consistência: Uma textura e uma estrutura consistentes do meio de cultura são importantes para garantir um desenvolvimento uniforme das raízes e a distribuição dos nutrientes.

vii. Reutilização: Alguns meios de cultura podem ser reutilizados, o que pode ser rentável e amigo do ambiente. Outros podem precisar de ser substituídos após uma única utilização.

viii. Facilidade de manuseamento: O meio de cultura deve ser fácil de trabalhar, quer em vasos quer em sistemas. Não deve compactar-se muito facilmente nem tornar-se demasiado poeirento.

ix. Molhabilidade: O meio deve ser capaz de molhar de forma uniforme e consistente, assegurando que a humidade chega a todas as partes do recipiente.

x. Económico: O custo do meio de cultura deve ser razoável e deve estar de acordo com o orçamento, tendo em conta a escala da sua operação hidropónica.

C. Critério de seleção de plantas para cultivo em solo/hidropónico

A seleção das plantas para cultivo hidropónico, incluindo os legumes, é um passo crítico que pode influenciar grandemente o sucesso do seu sistema hidropónico. Vários factores devem ser considerados ao escolher os vegetais a cultivar numa instalação hidropónica:

i. Adequação das culturas: Nem todos os legumes são igualmente adequados para o cultivo hidropónico. Alguns legumes prosperam num ambiente hidropónico, enquanto outros podem ser mais difíceis de cultivar. As folhas verdes (por exemplo, alface, espinafres, couve), ervas aromáticas (por exemplo, manjericão, coentros) e certas culturas compactas e de crescimento rápido (por exemplo, rabanetes, tomates-cereja) são normalmente escolhidas para sistemas hidropónicos.

ii. Taxa de crescimento: Alguns vegetais crescem mais depressa do que outros, o que pode ser vantajoso num sistema hidropónico onde se pretende maximizar os rendimentos. As culturas de crescimento rápido permitem uma colheita mais frequente e aumentam o volume de negócios.

iii. Espaço e disposição: Considere o espaço disponível e a disposição de um sistema hidropónico. As plantas mais pequenas e compactas podem ser mais adequadas para sistemas verticais ou em torre, enquanto as plantas maiores podem exigir mais espaço e recipientes maiores.

iv. Requisitos ambientais: Os diferentes vegetais têm diferentes requisitos de luz, temperatura, humidade e pH. Escolha vegetais que correspondam às condições ambientais proporcionadas por uma instalação hidropónica. Algumas culturas, como o tomate, podem necessitar de iluminação suplementar para se desenvolverem.

v. Necessidades de nutrientes: Os diferentes vegetais têm necessidades específicas de nutrientes, incluindo o tipo e a concentração da solução nutritiva hidropónica.

vi. Tolerância ao pH e à CE: O pH e a condutividade eléctrica (CE) da solução nutritiva devem ser controlados regularmente. Alguns legumes podem suportar flutuações de pH e CE, enquanto outros são sensíveis a alterações. Por isso, a seleção das culturas deve estar de acordo com os requisitos de pH e CE.

vii. Resistência a doenças: Certos legumes podem ser mais resistentes a doenças e pragas comuns, o que pode ser uma vantagem em sistemas hidropónicos onde o stress das plantas e as infestações de pragas se podem espalhar rapidamente.

Em última análise, a escolha dos produtos hortícolas para cultivo hidropónico deve basear-se numa combinação dos factores acima referidos, com ênfase na aptidão das culturas e nos recursos e condições disponíveis num ambiente hidropónico específico.

Quadro 1.1: Várias espécies de plantas cultivadas em solo/ hidroponia sistema

Tipo de culturas	Nome das culturas
Cereais	Milho, arroz
Frutos	Morango
Legumes	Malagueta, Brinjal, Tomate, Feijão verde, Beterraba, Feijão alado, Pimentão, Melão, Cebola verde, Pepinos
Vegetais de folha	Espinafres, aipo, alface, acelga, Atriplex
Condimentos	Folhas de coentros, Methi, Salsa, Hortelã, Manjericão doce, Orégãos
Culturas florais / Ornamentais	Rosas, Calêndula, Crisântemo, Cravos
Culturas medicinais	Aloé indiano, Coleus
Culturas forrageiras	Sorgo, Alfa alfa, Erva-carpete, Erva-bermuda,

Fonte: *www.googlescholar.com*

D. Solução nutritiva para cultivo sem solo ou hidropónico:

A solução nutritiva é uma mistura de água e de nutrientes essenciais necessários ao crescimento das plantas. A solução é fornecida diretamente às raízes das plantas através de um sistema de bombas e tubos. O fertilizante líquido é designado por fertilizante líquido. As soluções de fertilizantes, suspensões, lamas e fertilizantes diluídos destinados a serem distribuídos como fertilizantes são todos considerados "fertilizantes líquidos". Entre os exemplos de adubos líquidos contam-se os adubos azotados, o amoníaco líquido anidro, o amoníaco aquoso, os amoniatos, as soluções concentradas de nitrato de amónio e de ureia e os adubos complexos que contêm duas ou três quantidades diferentes dos três elementos alimentares básicos das plantas (azoto, fósforo e potássio). Os adubos líquidos complexos são soluções aquosas com concentrações de azoto, fósforo e potássio até 27%. A percentagem de ingredientes alimentares no adubo pode ser aumentada para 40% com adições estabilizadoras (argila coloidal, bentonite) para evitar a cristalização.

E. Determinar o equilíbrio correto para cada cultura:

A maioria dos nutrientes vegetais utilizados na hidroponia são formas inorgânicas e iónicas dissolvidas na água. São utilizadas diferentes fusões químicas para fornecer cada um dos 17 componentes necessários ao desenvolvimento das plantas. A solução de fertilizante mais popular para sistemas hidropónicos é a solução de Hoagland. Fazer soluções nutritivas e alterar os níveis de nutrientes é simples, uma vez aprendido o procedimento fundamental. Quase todas as fórmulas para fertilizantes hidropónicos são dadas em ppm (partes por milhão). Isto pode diferir das recomendações de fertilizantes para legumes e frutas cultivados no campo, que são frequentemente dadas em libras por acre (lb/acre) (libras por acre).

F. Aeração em culturas hortícolas de solo/hidroponia:

O arejamento é um aspeto importante do cultivo de vegetais sem solo, pois assegura o fornecimento adequado de oxigénio às raízes e promove o crescimento saudável das plantas. A solução ou névoa de água nos sistemas sem solo deve ser bem oxigenada. Isto pode ser conseguido através da utilização de pedras de ar, difusores ou bombas de ar para introduzir oxigénio na água. Estes dispositivos criam bolhas ou agitação, permitindo que o oxigénio se dissolva na água. Dois tipos de métodos de arejamento são:

- **Arejamento passivo:** O arejamento passivo num sistema hidropónico refere-se a métodos de fornecimento de oxigénio às raízes das plantas sem depender de dispositivos mecânicos, como bombas de ar ou difusores. Envolve a criação de condições que permitem a troca natural de gases entre a solução nutritiva e o ambiente circundante. A criação de um espaço de ar entre a solução nutritiva e o meio de cultura ou a zona radicular pode promover o arejamento passivo. Isto é normalmente conseguido através da utilização de um sistema de inundação e drenagem ou de um sistema de fluxo e refluxo. Depois de inundar o tabuleiro de cultivo com solução nutritiva, deixar que esta escorra de volta para o reservatório cria um espaço de ar à medida que a água recua. Este ciclo de inundação e drenagem proporciona períodos de exposição ao ar, permitindo que o oxigénio chegue às raízes.
- **Arejamento ativo:** A pedra de ar é o tipo de dispositivo de arejamento mais utilizado em hidroponia, uma vez que apenas necessita de um recipiente. Uma "pedra" artificial com muitos poros é chamada de pedra de ar. Está ligada a uma bomba externa através de tubos. A textura porosa da pedra permite que o oxigénio se escape sob a forma de pequenas bolhas quando é forçado a passar pela bomba. Existem numa grande variedade de tamanhos e formas e são frequentemente utilizadas em aquários. Se estiver a cultivar várias plantas com diferentes comprimentos de raízes no mesmo vaso, então é adequado utilizar uma pedra de ar. A aeração ajudará a manter a água adequadamente oxigenada para evitar danos às plantas.

G. Gestão do pH e da Condutividade Eléctrica (CE):

A manutenção dos níveis corretos de pH e CE é crucial para o crescimento e a saúde das plantas. Em sistemas hidropónicos abertos, a CE e o pH devem ser medidos numa amostra da solução de drenagem que flui do substrato após cada irrigação, uma vez que é esta que estará diretamente à volta do sistema radicular. A CE e o pH da solução de drenagem podem então ser usados para fazer ajustes regulares à solução de irrigação para manter os níveis corretos diretamente em torno da zona radicular.

Quadro 1.2: Gama óptima de valores de CE e pH para culturas hidropónicas

Culturas	CE $(dSm)^{-1}$	pH
Brócolos	2,8 a 3,5	6,0 a 6,8
Couve	2,5 a 3,0	6,5 a 7,0
Aipo	1,8 a 2,4	6.5
Pepino	1,7 a 2,0	5,0 a 5,5
Ovinicultura	2,5 a 3,5	6.0
Alface	1,2 a 1,8	6,0 a 7,0
Pak Choi	1,5 a 2,0	7.0
Pimentos	0,8 a 1,8	5,5 a 6,0
Salsa	1,8 a 2,2	6,0 a 6,5
Espinafres	1,8 a 2,3	6,0 a 7,0
Tomate	2.0 a 4.0	6,0 a 6,5

***Fonte**: www.googlescholar.com*

H. Sistema de iluminação:

As plantas necessitam de luz para a fotossíntese. Para além da luz solar natural, são utilizadas diferentes formas de iluminação artificial para fornecer a quantidade de luz necessária ao crescimento das plantas num sistema de cultivo sem solo ou num sistema hidropónico.

Quadro 1.3: Diferentes sistemas de iluminação utilizados para o cultivo sem solo

Tipos de lâmpadas de cultivo	Prós	Contras
LED (díodo emissor de luz)	• Muito eficiente em termos energéticos • Longa duração • Amplo espetro de luz	- preço inicial mais elevado em comparação com outras luzes
Luz fluorescente	• Não produzir demasiado calor • Grande variedade de estilos e tamanhos • Moderadamente energético eficaz	• Não duram tanto tempo • Utilizar mais energia do que LEDs
	- Custo inicial mais barato Algumas produzem apenas luz no espetro azul-verde, mas outras têm um espetro mais alargado que inclui a luz vermelha.	
Luz incandescente	- custo inicial mais baixo	• Ineficiente • Não duram tanto tempo • Mais adequado para sistemas de grande escala
Sódio a alta pressão	- emitem muita luz	• Tecnologia mais antiga

		• Liberta muito calor • Nem toda a luz é utilizável pelas plantas

Tipos de cultura hidropónica para o cultivo de legumes:

A hidroponia é um método popular de cultivo de vegetais que utiliza um sistema de cultivo sem solo. Oferece várias vantagens em relação à agricultura tradicional baseada no solo, incluindo um maior controlo sobre o fornecimento de nutrientes, a gestão da água e as condições ambientais. Existem vários tipos de sistemas hidropónicos disponíveis, cada um com as suas próprias vantagens e adequação a diferentes condições de cultivo e tipos de plantas. Eis alguns dos sistemas hidropónicos mais utilizados:

A. Método de circulação (sistema fechado):

Os sistemas fechados que recirculam a solução nutritiva baseiam-se frequentemente na cultura de soluções e incluem o NFT, DFT, sistemas de flutuação/arrastamento/lagoa, aeroponia, aquaponia e fluxo e refluxo. Nestes sistemas, a solução nutritiva é preparada até à concentração de trabalho, a CE e o pH são ajustados e a mesma solução é aplicada às plantas de forma contínua ou intermitente. Os sistemas de recirculação são regularmente abastecidos com água, a solução é gerida numa base regular e só é parcial ou totalmente substituída quando necessário.

i. Técnica de película de nutrientes:

Os sistemas NFT envolvem uma fina película de solução nutritiva que flui continuamente sobre as raízes das plantas, fornecendo nutrientes e oxigénio. O sistema NFT é normalmente utilizado para plantas de crescimento rápido e de raízes pouco profundas, como a alface e as ervas aromáticas. No entanto, pode exigir um controlo e manutenção cuidadosos para evitar entupimentos e garantir um fluxo consistente de nutrientes.

ii. Técnica de fluxo profundo

Neste método, os vasos de rede de plástico que contêm plantas são fixados a tubos de PVC de 10 cm de diâmetro, que são mergulhados numa solução nutritiva com 2-3 cm de profundidade. Os fundos dos recipientes de plantação de plástico entram em contacto com a solução fertilizante que flui através dos tubos. As plantas são cultivadas em vasos de rede de plástico e fixadas aos orifícios dos tubos de PVC com parafusos. O meio de plantação para os vasos de rede pode ser uma mistura de casca de arroz carbonizada, pó de coco velho, ou ambos. Para evitar que os materiais de plantação caiam na solução nutritiva, usa-se um pequeno pedaço de rede como forro nos vasos de rede. A solução nutritiva é arejada quando a solução reciclada se mistura com a solução do tanque de reserva. Com o objetivo de facilitar o fluxo da solução nutritiva, os tubos de PVC têm uma inclinação de uma queda de 1 em 30-40. O branqueamento dos tubos de PVC ajudará a evitar que as soluções nutritivas aqueçam tanto.

iii. Aeroponia:

Os sistemas aeropónicos suspendem as plantas no ar ou num ambiente nebulizado, sendo as raízes periodicamente nebulizadas com a solução nutritiva. A aeroponia proporciona uma excelente oxigenação das raízes e uma absorção eficaz dos nutrientes. É adequado para plantas de crescimento rápido e pode levar a taxas de crescimento aceleradas. No entanto, os sistemas aeropónicos podem ser mais complexos de montar e requerem uma atenção cuidadosa aos intervalos de nebulização e à saúde das raízes.

iv. Ebb and Flow (Inundação e Drenagem):

No sistema de fluxo e refluxo, o meio de crescimento é periodicamente inundado com a solução nutritiva e depois drenado. Este ciclo permite que as raízes tenham acesso a nutrientes e oxigénio. Os sistemas de fluxo e refluxo são versáteis e adequados para uma vasta gama de plantas. São particularmente benéficos para as plantas que preferem uma zona de raízes mais seca entre inundações, como os tomates e os pimentos.

B. Método não circulante (sistema aberto):

Os sistemas abertos são aqueles que não recirculam ou reutilizam a solução nutritiva que escorre da base do substrato de cultivo. A solução nutritiva residual, uma vez que tenha passado pelas raízes e saído da base do substrato, é canalizada para ser eliminada. Embora isto possa parecer um desperdício, as soluções de drenagem para os resíduos encontram frequentemente uma segunda utilização como fontes de fertilizantes líquidos aplicados noutras culturas ao ar livre, tais como relvados, pastagens, culturas arbóreas, hortas, plantas em vasos e plantas ornamentais. Em alguns países, a descarga de nutrientes é proibida ou cuidadosamente controlada, pelo que os sistemas abertos tradicionais não podem ser utilizados e qualquer drenagem de nutrientes residuais deve ser recolhida e reutilizada ou eliminada corretamente para evitar problemas ambientais.

i. Técnica de imersão das raízes: -

Neste método, são utilizados pequenos vasos com um meio de crescimento mínimo para cultivar plantas. Os vasos são colocados de forma a que os seus 2-3 cm mais baixos fiquem imersos na solução nutritiva. Para a nutrição e absorção de ar, algumas raízes são suspensas na solução enquanto outras são mergulhadas nela. Esta técnica de crescimento de baixa tecnologia é simples de instalar e requer pouca manutenção. É importante notar que este método não requer equipamentos dispendiosos como eletricidade, uma bomba de água, canais, etc.

ii. Técnica de flutuação

Semelhante ao método da caixa, mas pode utilizar vasos pouco profundos (10 cm de profundidade). Fixadas a uma placa de esferovite ou outra placa luminosa, as plantas cultivadas em vasos em miniatura podem flutuar sobre uma solução nutritiva colocada no recipiente e arejada artificialmente.

iii. Técnica de ação capilar: -

Utilizam-se vasos de diferentes tamanhos e formas, com buracos no fundo. As plântulas ou sementes são semeadas numa substância inerte que foi vertida nos vasos. Estes vasos são colocados em recipientes pouco profundos que estão cheios de solução fertilizante. A ação capilar transporta a solução nutritiva para o meio inerte. Neste procedimento, o arejamento é crucial. Este método funciona para plantas de interior, de floração e decorativas.

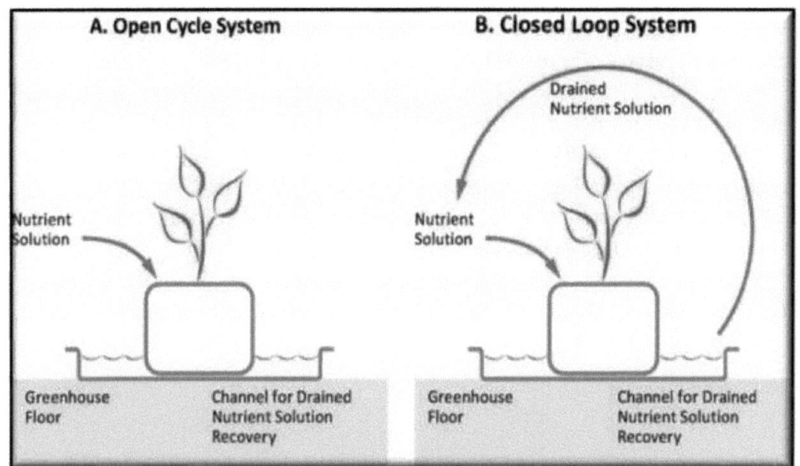

Fig: 1.1 Ilustração de um sistema aberto e fechado de hidroponia

Quadro 1.4: Comparação de sistemas abertos e fechados em culturas sem solo e hidropónicas

Parâmetros	**Sistema hidropónico**			
	Sistema de meios sem solo		Sistema de solução nutritiva	
	Aberto	Fechado	Aberto	Fechado
% Poupança de água de rega	80	85	85	90
% Poupança de fertilizantes	55	80	68	85
% Aumento da produtividade	100	150	200	250
% Produtividade da água	1000	1600	2000	3500

Conclusão

À medida que continuamos a enfrentar desafios como a escassez de terras, a escassez de água e as alterações climáticas, a adoção de métodos de cultivo sem solo torna-se cada vez mais importante. Abrem-se portas à agricultura urbana, reduzem a pegada ambiental e aumentam a segurança alimentar. Esta abordagem inovadora e sustentável ao cultivo de vegetais tem o potencial de revolucionar a agricultura, maximizando os rendimentos, conservando os recursos e fornecendo produtos frescos durante todo o ano.

Referências

- Savvas, D.; Gruda, N. 2018. Aplicação de tecnologias de cultura sem solo na *indústria* moderna de estufas - uma revisão. *Eur. J. Hortic. Sci.* 83, 280-293.
- Savvas, D.; Gianquinto, G.; Tuzel, Y.; Gruda, N. 2013. Boas práticas agrícolas para culturas hortícolas em estufa-12. Cultura sem solo: Princípios para as zonas de clima mediterrânico. *Food Agric. Food Agric. ONU* 217.
- Singh, S.; Singh, B.S. 2017. Hidroponia - *Uma* técnica para o cultivo de vegetais e plantas medicinais. In Proceedings of the *4th Global Conference on Horticulture for Food, Nutrition and Livelihood Options,* Bhubaneshwar, India, p. 220.
- Sharma, N.; Acharya, S.; Kumar, K.; Singh, N.; Chaurasia, O.P. 2018. A

hidroponia como uma técnica avançada para a produção de vegetais: Uma visão geral. *J. Soil Water Conserv.* 17, 364-371.

- Mohammed, S.B.; Sookoo, R. 2016. Técnica de filme de nutrientes para produção comercial. *Agric. Sci. Res. J.* 6, 269-274.
- Peckenpaugh, D. 2004. Hydroponic Solutions: Volume 1: Hydroponic Growing Tips; *New Moon Publishing, Inc.: HongKong,* China, ISBN 9780944557044.
- Walters, K.J.; Currey, C.J. 2015. Produção hidropónica de manjericão em estufa: Comparação de sistemas e cultivares. *Hort Technology* 25, 645-650.
- Grillas, S.; Lucas, M.; Bardopoulous, E.; Sarafopoulos, S. 2001. Sistemas de cultura sem solo à base de perlite: Aplicação comercial atual e perspectivas. *Ata Hortic.* 548, 105-113.

CAPÍTULO 9

Transformação mínima e acondicionamento de produtos hortícolas para produção comercial

Rahul Kumar Anurag[1] , Rakshanda Anayat[2] , Shahnaz Mufti[3] e Feroz Ahmed[2]
1Cientista sénior, Divisão de Estruturas Agrícolas e Controlo Ambiental
, Instituto Central de Engenharia e Tecnologia Pós-colheita do ICAR, Ludhiana
2Faculdade *de Agricultura (FoA), Wadura, SKUAST-Kashmir*
3Faculdade *de Horticultura (FoH), Shalimar, SKUAST-Caxemira*

Introdução

As actividades de transformação são de importância crucial para a expansão e diversificação no sector dos produtos frescos, uma vez que aumentam as oportunidades de mercado e acrescentam valor, minimizando as perdas pós-colheita. Além disso, a transformação melhora a viabilidade, a rentabilidade e a sustentabilidade dos sistemas de produtos frescos, aumentando os rendimentos agrícolas e gerando emprego rural e divisas. O prolongamento do prazo de validade dos produtos hortícolas é uma necessidade tecnológica importante para superar as perdas pós-colheita devido à sua natureza perecível. Nos últimos anos, tem-se registado um aumento considerável da procura de transformação de produtos hortícolas, associada à conveniência e segurança. A transformação mínima é uma tendência crescente de transformação que oferece ao consumidor comodidade, "frescura" de qualidade, nutrição e segurança. Os consumidores também se tornaram mais críticos em relação à utilização de aditivos sintéticos para preservar os alimentos ou melhorar caraterísticas como a cor e o sabor. As tecnologias de transformação mínima, as embalagens especializadas e os sistemas de conservação natural estão a ser cada vez mais aplicados na conservação de produtos hortícolas, tanto nos mercados dos países desenvolvidos como nos dos países em desenvolvimento, em resposta à crescente procura de conveniência por parte dos consumidores e de frutos "frescos" de elevada qualidade, nutritivos, saborosos e estáveis. Estas tecnologias de transformação centram-se na adição de valor com relativamente pouca transformação do produto, aumentando simultaneamente a sua diversidade. Embora as tecnologias de transformação mínimas e tradicionais apresentem oportunidades consideráveis para a inovação e a diversificação vertical no sector das frutas e produtos hortícolas, são relativamente poucas as pequenas e médias empresas (PME) que conseguem aproveitar e beneficiar destas oportunidades. Muitas PME não têm capacidade para operar de forma competitiva no atual ambiente de mercado globalizado devido a problemas de escala, à fraca qualidade dos factores de produção, ao fraco acesso à tecnologia, a conhecimentos técnicos e capacidade de investigação limitados e à baixa produção. Os alimentos minimamente transformados podem ser mantidos em segurança com um tratamento de conservação parcial ou mínimo. Para além disso, resulta em menos alterações possíveis da qualidade dos alimentos. Como envolve a remoção ou redução das barreiras naturais à deterioração, oferece aos cientistas um enorme desafio na tentativa de prolongar o prazo de validade dos produtos frescos minimamente processados. No entanto, a procura de produtos minimamente transformados por parte dos consumidores, as alterações na perceção dos consumidores relativamente à "frescura" da qualidade dos produtos frescos e a conveniência de tais produtos justificam mais investigação e desenvolvimentos nesta área.

Processamento mínimo

O termo "transformação mínima" foi definido de várias formas, por exemplo, de forma muito geral, como "o menor tratamento possível para atingir um objetivo". Uma definição mais específica, que aborda a questão do objetivo, descreve os processos mínimos como aqueles que "influenciam minimamente as caraterísticas de qualidade de um alimento, ao mesmo tempo que lhe conferem um prazo de validade suficiente durante a armazenagem e a distribuição". Uma definição ainda mais precisa, que situa os métodos de transformação mínima no contexto das tecnologias mais convencionais, descreve-os como técnicas que "preservam os alimentos, mas também mantêm em maior medida a sua qualidade nutricional e caraterísticas sensoriais, reduzindo a dependência do calor como principal ação conservante". A transformação mínima dos produtos hortícolas crus tem dois objectivos

- manter os produtos frescos, sem perder a sua qualidade nutritiva
- garantir um prazo de validade do produto suficiente para viabilizar a distribuição numa região de consumo.

O prazo de validade microbiológico, sensorial e nutricional dos produtos hortícolas minimamente transformados deve ser de, pelo menos, 4-7 dias, mas de preferência até 21 dias, consoante o mercado.

Operações efectuadas na transformação mínima de produtos hortícolas

A maior parte dos produtos frescos necessita de operações de transformação para produzir os produtos. Estas operações são abordadas a seguir:

Seleção: A triagem é a etapa preliminar para separar os produtos aceitáveis dos não aceitáveis. É efectuada para eliminar os defeitos fisiológicos do produto. Normalmente, a triagem manual permite obter resultados de elevada qualidade em comparação com a triagem por equipamento no que respeita a defeitos minúsculos específicos.

Descascamento: É uma das operações comuns utilizadas para os produtos hortícolas, como a cenoura, a batata, a abóbora, a garrafa e a cebola. Os métodos utilizados para descascar influenciam diretamente os parâmetros de qualidade dos produtos finais. O descasque é geralmente efectuado à mão ou com descascadores abrasivos. O descasque manual permite obter um produto de elevada qualidade, mas implica frequentemente mão de obra dispendiosa. No entanto, as descascadoras abrasivas também são utilizadas para produzir produtos de qualidade superior, mas tendem a danificar os produtos frescos, provocando arranhões na superfície e danificando também a parte comestível. A intervenção da engenharia resultou em mecanismos inovadores de operações de descasque e estão disponíveis descascadores automáticos para operações contínuas de descasque para a manipulação de grandes volumes de produtos hortícolas nos países desenvolvidos. O AICRP sobre PHT com os seus centros criou descascadores para produtos selecionados como a batata, o gengibre, etc.

Cortar e triturar: As partes indesejadas dos alimentos à base de plantas, tais como sementes e caules, têm de ser eliminadas antes da transformação posterior. Por conseguinte, o corte das partes indesejadas com facas e cortadores desgastados pode constituir uma ameaça para a qualidade. As ferramentas de corte devem ser limpas e armazenadas em boas condições. Além disso, a zona demasiado madura ou contaminada deve ser eliminada durante a triagem inicial, a fim de impedir o crescimento de micróbios e evitar a contaminação de outros agentes infecciosos. O corte e a trituração devem ser efectuados com facas ou lâminas tão afiadas quanto possível, sendo estas feitas de aço inoxidável. As lâminas afiadas são sempre melhores do que as lâminas rombas e cegas. As lâminas e facas rombas prejudicam a retenção da qualidade porque rompem as células e libertam muito líquido dos tecidos. As esteiras e as lâminas utilizadas nas operações de corte podem ser desinfectadas com uma solução de hipoclorito a 1%. O corte dos produtos hortícolas deve ser efectuado, de preferência, debaixo de água. Uma vez que o líquido interno da célula lesionada é removido pelo fluxo de água, o acastanhamento é acentuado em comparação com qualquer técnica de corte comercial.

Lavagem: A lavagem é uma etapa importante para os produtos hortícolas minimamente transformados, devendo ser considerados os seguintes factores. A lavagem correta dos legumes frescos cortados é o mais desejável imediatamente após o corte. A lavagem é efectuada em água gelada (< 5° C). É preferível lavar os produtos em água corrente ou com bolhas de ar do que simplesmente mergulhá-los em água. As qualidades microbiológicas e sensoriais da água de lavagem devem ser boas e a sua temperatura deve ser baixa, de preferência < 5° C. A quantidade recomendada de água a utilizar é de 510 l/kg de produto antes do descasque e/ou corte e de 3 l/kg após o descasque e/ou corte. Podem ser utilizados conservantes na água de lavagem para reduzir o número de micróbios e retardar a atividade enzimática, melhorando assim o prazo de validade e a qualidade sensorial do produto. Esta etapa remove a sujidade e alguns micróbios presentes na superfície dos produtos. Normalmente, é utilizada água clorada para enxaguar os legumes descascados. Por conseguinte, o tempo de contacto durante a lavagem, o pH e a temperatura da água de enxaguamento desempenham um papel fundamental para garantir a qualidade dos produtos.

Drenagem: A água de lavagem deve ser cuidadosamente removida do produto. A centrifugação parece ser o melhor método. É importante escolher cuidadosamente o tempo e a velocidade de centrifugação. A CIPHET desenvolveu uma centrifugadora de cesto que funciona a 450 RPM e pode remover eficazmente a água de lavagem dos vegetais de folha fresca, etc. Imersão em agentes anti-acastanhamento: Inibição do escurecimento: O escurecimento é o principal problema de qualidade dos legumes pré-descascados ou cortados. O que acontece à batata descascada, se a deixarmos ao ar livre? Verificará que, por vezes, os tecidos exteriores começam a ficar castanhos. Este escurecimento é basicamente um tipo de escurecimento enzimático, causado pela ação da enzima conhecida como polifenol oxidase (PPO). A oxidação dos fenóis na presença da PPO provoca o acastanhamento destes tecidos. A imersão dos tecidos em água ou em água salgada pode reduzir o acastanhamento até certo ponto, mas não pode eliminá-lo totalmente. Em 1990, a Food and Drug Administration (FDA) dos EUA restringiu parcialmente a utilização de sulfitos e, desde então, tem-se verificado um interesse crescente em substitutos dos sulfitos. Na Índia, contudo, continuaram a ser utilizados. O ácido cítrico (AC) combinado com o ácido ascórbico (AA), isoladamente ou em combinação com o sorbato de potássio no caso da batata, ou o hexil-resorcinol no caso da maçã, parecem ser alternativas promissoras aos sulfitos, especialmente quando se utiliza o descasque manual. As batatas são aquecidas durante 5-20 minutos numa solução contendo 1% de ácido ascórbico e 2% de ácido cítrico a 45-55° C, arrefecidas e depois mergulhadas durante 5 minutos numa solução inibidora do escurecimento contendo 4% de ácido ascórbico. O tratamento combinado inibe a descoloração da batata durante 14 dias a 4° C, em comparação com 3-6 dias apenas com o tratamento inibidor do escurecimento.

Embalagem: É a última operação na produção de vegetais minimamente processados. O método de embalagem mais adequado para os vegetais pré-cortados é a embalagem em atmosfera modificada (MAP). O princípio básico do MAP consiste em criar uma atmosfera modificada, quer passivamente, quer através da utilização de materiais de embalagem permeáveis e da utilização de uma mistura de gases específica com embalagens permeáveis. O principal objetivo é criar um equilíbrio de gás ideal no interior da embalagem, em que a atividade respiratória de um produto é tão baixa quanto possível, mas os níveis de oxigénio e dióxido de carbono não são prejudiciais para o produto. Em geral, o objetivo é ter uma composição de gás de 2-5% CO_2 , 2-5% O_2 e o restante nitrogénio. Contudo, não é possível manter uma atmosfera óptima de O2-CO2 através da utilização da maioria das películas, especialmente quando o produto tem um nível de respiração muito elevado. Uma solução para este problema consiste em fazer microfuros de um tamanho e número definidos na matéria para evitar a anaerobiose.

Métodos de Embalagem em Atmosfera Modificada

Os métodos de modificação da atmosfera num produto alimentar embalado podem ser subdivididos em duas categorias principais: Modificação ativa e modificação passiva. Podem ser utilizados vários métodos para modificar ativamente a atmosfera gasosa no interior do produto embalado. Isto inclui a embalagem a vácuo, MAP, a utilização de gás ou de absorvente de oxigénio, absorventes de humidade, ou emissores de CO2 e etanol e injeção de gás. Na modificação gerada pelo produto ou passiva, o produto é modificado em resultado do consumo de O2 e da geração de CO2 através da respiração do produto. A modificação passiva é normalmente utilizada para modificar a atmosfera gasosa de frutas e legumes embalados. No entanto, para manter a mistura gasosa correta no interior do produto embalado, a permeabilidade ao gás das películas de embalagem deve ser igual à taxa de respiração do produto, o que permite que o O2 entre na embalagem a uma taxa semelhante à da respiração do produto. Este processo é também conhecido como embalagem em atmosfera modificada equlibrium EMA. Da mesma forma, o CO2 deve ser expelido da embalagem para compensar a produção de CO2 pelo produto. Se este equilíbrio de gases não for efectuado, pode ocorrer uma depleção de O2 e uma acumulação de CO2, resultando na deterioração dos produtos. O MAP é simplesmente uma extensão da tecnologia de embalagem a vácuo, que envolve a evacuação do ar seguida da injeção da mistura de gás adequada.

O objetivo da conceção do MAP é definir as condições que criarão a atmosfera mais adequada para a armazenagem prolongada de um determinado produto e minimizar o período de tempo necessário para obter essa atmosfera. Um sistema MAP não corretamente concebido pode ser ineficaz ou mesmo reduzir o tempo de armazenamento de um produto. Se a atmosfera desejada não for estabelecida rapidamente, a embalagem não tem qualquer vantagem. Por exemplo, os produtos altamente perecíveis podem deteriorar-se antes de ser atingida a atmosfera recomendada. Se os níveis de O2 e/ou CO2 não estiverem dentro das gamas recomendadas de concentrações de O2 e CO2, o produto pode sofrer alterações graves e o seu tempo de armazenamento é reduzido. Pode mesmo induzir a anaerobiose, com o possível crescimento de agentes patogénicos e efeitos concomitantes na segurança do produto.

Tipos de máquinas de embalagem em atmosfera modificada para embalagem de produtos hortícolas frescos cortados e minimamente processados

Horizontal Form-fill-seal (HFFS)

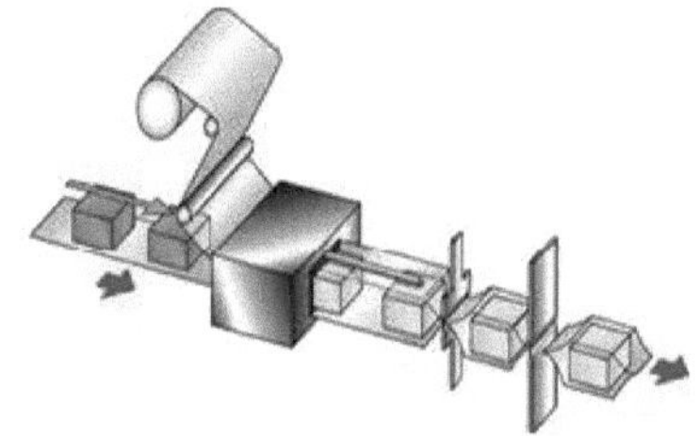

As máquinas flow-pack são capazes de fabricar bolsas flexíveis tipo pillow-pack a partir de apenas uma bobina de filme. As máquinas HFFS também podem envolver um tabuleiro pré-preenchido com um produto. O ar da embalagem é removido por lavagem contínua com gás, mas não podem ser utilizadas misturas de gases com níveis de $O_2 > 21\%$ devido à utilização de maxilas de selagem a quente na extremidade da máquina. Para certos produtos muito porosos (por exemplo, alguns produtos de panificação), a lavagem com gás não é capaz de reduzir o O_2 residual dentro da embalagem para níveis suficientemente baixos. Nestes casos, pode ser instalada uma estação de injeção de gás na entrada da máquina, de modo a que o próprio produto seja purgado com gás imediatamente antes da embalagem. A figura seguinte ilustra uma representação esquemática de uma máquina HFFS.

Máquinas verticais Form-fill-seal VFFS:

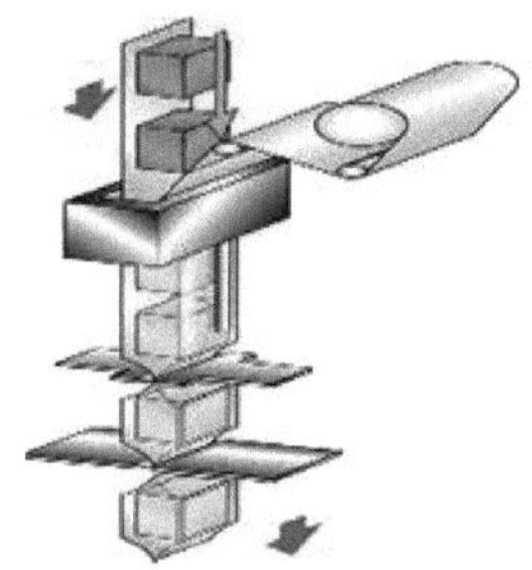

À semelhança das máquinas HFFS, as máquinas VFFS são capazes de fabricar bolsas flexíveis tipo pillow-pack a partir de apenas uma bobina de película. Além disso, o ar da embalagem é removido por descarga contínua de gás, desde que a mistura de gás não contenha níveis de $O_2 > 21\%$. Nas máquinas VFFS, as embalagens lavadas com gás são alimentadas por gravidade por produtos soltos que foram previamente pesados numa balança de várias cabeças. A pré-lavagem com gás pode ser necessária para produtos porosos. A figura à esquerda ilustra uma representação esquemática de uma máquina VFFS.

Termoformagem-fill-seal (TFFS)

As máquinas TFFS produzem embalagens constituídas por um tabuleiro semirrígido termoformado, que é hermeticamente selado a um material de cobertura flexível. A película em rolo (normalmente PVC/PE) é automaticamente transportada para uma secção de termoformagem, onde é utilizado vácuo ou ar comprimido para introduzir a película nas matrizes, dando aos tabuleiros a forma pretendida. O produto é então carregado manual ou automaticamente nos tabuleiros antes de ser evacuado, lavado com a mistura de gás desejada e selado a quente com material de cobertura. As embalagens hermeticamente fechadas são então finalmente separadas por unidades de corte transversal e longitudinal. A figura acima ilustra uma representação esquemática de uma máquina TFFS.

Película pré-formada para tabuleiros e revestimentos (PTLF)

As máquinas PTLF são essencialmente as mesmas que as máquinas TFFS (ver abaixo), exceto que são utilizados tabuleiros pré-formados em vez de tabuleiros semi-rígidos termoformados.

Termoformagem de três camadas com selo de enchimento (TWTFFS)

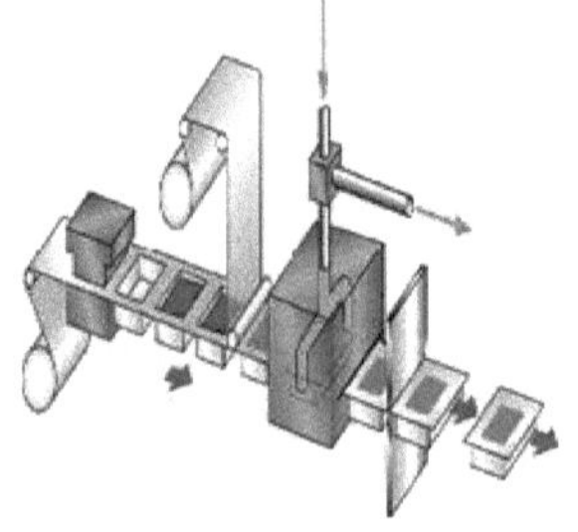

As máquinas TWTFFS são essencialmente semelhantes às máquinas TFFS (ver abaixo), exceto que o produto a embalar é primeiro mantido em posição com uma película superior permeável. Após este processo, o produto entra numa segunda secção de selagem, onde é colocada uma película de cobertura no topo do tabuleiro termoformado. O espaço entre a película de revestimento superior e a película de cobertura é lavado com gás. As máquinas TWTFFS permitem a produção de embalagens que combinam as vantagens do MAP com a embalagem skin a vácuo (VSP). A VSP impede o movimento do produto, a integridade da embalagem é maximizada, a exsudação do sumo é limitada e é possível a exposição vertical a retalho.

Câmara de vácuo (VC)

Estas máquinas utilizam sacos pré-formados e utilizam a técnica de vácuo compensado para substituir o ar. Os sacos de plástico pré-formados são colocados manualmente no interior da câmara antes da evacuação, da retrolavagem com a mistura de gás desejada e da
selagem a quente. Estas máquinas podem ser utilizadas para a produção em pequena escala de
ou embalagens de catering com descarga de gás. A figura abaixo ilustra uma representação esquemática de uma máquina VC.

Tipo de snorkel (ST)

Estas máquinas utilizam a técnica de vácuo compensado para produzir embalagens de catering a granel MA bag-in-box. Em alternativa, podem fazer a descarga de gás de produtos de retalho embalados convencionalmente, tais como pacotes de carne vermelha sobre-embalados, em grandes embalagens principais. Nestas máquinas, os sacos de plástico pré-formados são posicionados num mandril de selagem a quente e os snorkels retrácteis puxam o vácuo e, em seguida, fazem a retrolavagem com uma mistura de gás desejada antes da selagem a quente.

Armazenamento: A refrigeração é um importante obstáculo à conservação, tal como o controlo da humidade. O armazenamento a 10°C ou mais permite que a maioria dos agentes patogénicos bacterianos se desenvolvam rapidamente nos legumes frescos cortados. A temperatura de armazenamento também é importante quando se utilizam embalagens MAP ou de vácuo. A produção de toxinas pelo *Clostridium botulinum*, ou o crescimento de outros agentes patogénicos, como a *Listeria monocytogenes*, é possível a temperaturas superiores a 3°C devido ao aumento do consumo de oxigénio na embalagem. A transformação, o transporte, a exposição e a armazenagem intermédia devem ser efectuados à mesma temperatura baixa (de preferência 2-4°C) para os produtos não vulneráveis a lesões provocadas pelo frio. Devem ser evitadas alterações de temperatura. As temperaturas mais elevadas aceleram a deterioração e facilitam o desenvolvimento de agentes patogénicos. As flutuações de temperatura provocam a condensação dentro da embalagem, o que também acelera a deterioração. O abuso da temperatura é um problema generalizado na cadeia de distribuição, quer seja no armazenamento, no transporte, na exposição a retalho ou no manuseamento pelo consumidor. Quando se trata de um problema significativo, pode ser necessário limitar o prazo de validade, por exemplo, a 57 dias a uma temperatura de 5-7°C, quando os agentes patogénicos psicrotróficos não têm tempo suficiente para se multiplicarem e produzirem toxinas. Se o prazo de validade dos produtos de vácuo ou MAP for superior a 10 dias e houver o risco de a temperatura de armazenamento ser superior a 3°C, os produtos devem cumprir um ou mais dos seguintes factores de controlo:

- um tratamento térmico mínimo, por exemplo, 90°C durante 10 minutos
- um pH igual ou inferior a 5 em todo o género alimentício
- um nível de sal de 3,5% (aquoso) em todo o género alimentício
- a_w, valor de atividade da água igual ou inferior a 0,97 em todo o alimento.
- qualquer combinação de calor e factores de conservação que tenha demonstrado impedir o crescimento da produção de toxinas por *C. botulinum.*

Factores que afectam a lavagem de legumes frescos cortados

Tempo de contacto: O período de contacto tem de ser considerado para uma operação eficaz. Geralmente, é necessária água refrigerada para enxaguar as cascas e os legumes frescos cortados. Trata-se, portanto, de uma forma de arrefecer os produtos antes da sua transformação e embalagem.

Temperatura: A temperatura deve ser controlada para evitar a deterioração na fase preliminar. Deve ser mantida a cerca de 0 °C.

Cloragem: Deve ser utilizada uma concentração óptima de cloro. A concentração de cloro deve ser mantida entre 50 e 100 ppm. No entanto, uma concentração mais elevada de cloro pode afetar a qualidade dos legumes descascados. Para controlar o nível de cloro na água, devem ser utilizados kits adequados para testar o cloro.

pH: É necessário um controlo ótimo do pH para manter a atividade bactericida da água clorada. Se o pH subir acima de 7,5, o efeito antibacteriano desaparece e pode ocorrer a deterioração dos produtos devido ao crescimento microbiano.

Efeito da transformação mínima na nutrição

Para além dos atributos sensoriais, os componentes nutricionais e funcionais para a saúde também determinam os principais parâmetros de qualidade dos produtos. Estes dependem ainda das condições climáticas, das operações de colheita e dos métodos de colheita, bem como das etapas de transformação utilizadas, como o corte, a moldagem, a embalagem, a velocidade das operações como a batedura, o arrefecimento e a mistura. A funcionalidade dos produtos tratados depende em grande medida dos compostos bioactivos e da capacidade antioxidante.

Segurança microbiana de produtos hortícolas frescos cortados e minimamente transformados

Durante o descasque, o corte e a trituração, a superfície do produto é exposta ao ar e à contaminação por bactérias, leveduras e bolores. Nos produtos hortícolas minimamente processados, a maioria dos quais se enquadra na categoria de baixa acidez (pH 5,8-6,0), a humidade elevada e o grande número de superfícies cortadas podem proporcionar condições ideais para o crescimento de microrganismos. As populações de bactérias encontradas nos produtos hortícolas variam muito. A microflora predominante nos produtos hortícolas de folha fresca é constituída por *Pseudomonas* e *Erwinia* spp. com uma contagem inicial de cerca de 10^5 cfu g^{-1} , embora também estejam presentes números baixos de bolores e leveduras. Durante o armazenamento a frio de vegetais de folha minimamente processados, as estirpes pectinolíticas de Pseudomonas são responsáveis pela podridão mole bacteriana. O aumento da temperatura de armazenamento e da concentração de dióxido de carbono na embalagem altera a microflora para as bactérias do ácido lático. A elevada carga inicial de micróbios torna difícil estabelecer o limite do número de células para além do qual o produto pode ser considerado estragado. Muitos estudos mostram que não existe uma correlação simples entre os marcadores químicos de deterioração, como o pH, o ácido lático, o ácido acético, o dióxido de carbono, a qualidade sensorial e a carga total de células microbianas. De facto, diferentes produtos vegetais minimamente processados parecem possuir diferentes padrões de deterioração em relação às caraterísticas das matérias-primas. Uma vez que os produtos hortícolas frescos minimamente processados não são tratados termicamente, independentemente dos aditivos ou da embalagem, devem ser manuseados e armazenados a temperaturas refrigeradas, a 5°C ou menos, de modo a obter um período de conservação suficiente e segurança microbiológica. Alguns agentes patogénicos como a *Listeria monocytogenes*, *Yersinia enterocolitica*, *Salmonella* spp. e *Aeromonas hydrophila* podem ainda sobreviver.

Requisitos essenciais para a transformação mínima de produtos hortícolas

- Matéria-prima de boa qualidade (variedade cv. correta, condições de cultivo, colheita e armazenamento corretas)
- Higiene rigorosa e boas práticas de fabrico, HACCP
- Baixas temperaturas durante o trabalho
- Limpeza e/ou lavagem cuidadosa antes e depois do descasque
- Água de boa qualidade (sensorial, microbiológica, pH) utilizada na lavagem
- Aditivos suaves na lavagem para desinfeção ou prevenção do escurecimento
- Secagem suave por centrifugação após a lavagem
- Peeling suave
- Cortar/picar/triturar suavemente
- Materiais de embalagem e métodos de embalagem corretos
- Temperatura e humidade corretas durante a distribuição e a venda a retalho

Perigos, pontos de controlo críticos, procedimentos preventivos e de controlo na transformação e embalagem de produtos hortícolas prontos a consumir

Etapa operacional crítica	**Riscos**	**Ponto(s) crítico(s) de controlo**	**Preventivo e medidas de controlo**
Crescimento	Contaminação com agentes patogénicos fecais Insectos e invasões fúngicas	Técnicas de cultivo	- Inspecionar as fontes de água de irrigação - Utilizar pesticidas
Colheita	Deterioração microbiana e invasão de insectos Contaminação cruzada	Avaliação da maturidade dos produtos Práticas de manuseamento Controlo da temperatura Saneamento	- Colheita antes do pico de maturidade - Minimizar as lesões mecânicas - Colheita de manhã ou à noite - Empregar apanhadores com formação em higiene elementar
Transporte	Crescimento microbiano Contaminação cruzada	Tempo/temperatura Práticas de carregamento	- Manter a temperatura baixa - Evitar o transporte a longa distância - Manter um arrefecimento uniforme nos contentores de transporte Evitar

				danos, não sobrecarregar os contentores Produtos sãos e danificados no campo
		Produtos Contentores	-	Utilizar bem recipientes de metal ou plástico lavados/desinfectados
Lavagem	Contaminação da água	Água Práticas de lavagem Desidratação	- - - -	Utilizar água potável, testar regularmente a presença de bactérias coliformes Controlar a contaminação microbiana através da cloração e da imersão antimicrobiana Não sobrecarregar os tanques de lavagem/mudar a água periodicamente Remover o excesso de água
Ordenação	Contaminação cruzada	Classificador	-	Empregar seleccionadores com experiência no controlo dos produtos
		Iluminação	-	Fornecer iluminação adequada
		Transportador	-	Limpar e desinfetar periodicamente
Embalagem	Crescimento microbiano	Película de embalagem	- - -	Escolher corretamente a permeabilidade da película Analisar a composição do gás de forma rotineira, utilizando técnicas simples Utilizar película impregnada com fungicida
		Controlo da humidade relativa e da temperatura	- - -	Desidratar cuidadosamente os produtos encharcados Utilizar películas com propriedades anti-embaciamento Verificar regularmente a temperatura do produto/armazenamento
Armazenamento/ Distribuição	Crescimento e propagação de microrganismos	Controlo da temperatura	- -	Manter a refrigeração dos produtos no intervalo de 0-5°C Evitar a condensação da humidade através de um controlo adequado da temperatura
		Luz	-	Ter em consideração o efeito da luz
		Práticas de consumo	-	Fornecer rotulagem com instruções de armazenamento Condições

(Fonte: Gorris, 1996)

Antimicrobianos naturais

Embora os agentes antimicrobianos e antioxidantes sintéticos sejam aprovados em muitos países, a utilização de conservantes naturais seguros e eficazes é procurada pelos consumidores e produtores. Por conseguinte, muitos países europeus e asiáticos estão a explorar ingredientes naturais que podem proteger os alimentos contra a deterioração. Existe um grande número de antimicrobianos naturais derivados de fontes animais, vegetais e microbianas. Os compostos funcionais bioactivos conhecidos como metabolitos secundários, obtidos a partir de fontes vegetais, são considerados boas alternativas aos aditivos alimentares antimicrobianos e antioxidantes sintéticos. Estes compostos são polifenóis, taninos e flavonóides, que são maioritariamente derivados de plantas e cujos efeitos antimicrobianos e antioxidantes in vitro foram relatados em muitas publicações na última década. As propriedades antimicrobianas e antioxidantes das moléculas bioactivas devem-se principalmente às suas propriedades redox, à capacidade de quelatar metais e de extinguir espécies reactivas de oxigénio simples. Os compostos podem ser revestidos ou pulverizados sobre os produtos alimentares para uma rápida absorção e ação. É também importante manter as propriedades sensoriais desejadas quando se utilizam aditivos. No entanto, a seleção das fontes vegetais para extrair estes compostos deve ser orientada para a utilização segura de aditivos alimentares. Algumas questões-chave devem ser consideradas durante a aplicação destes agentes antimicrobianos naturais em produtos alimentares. A forma do antimicrobiano, o tipo de alimento, as condições de armazenamento, os tipos de processos utilizados e o(s) microrganismo(s) alvo são alguns dos factores importantes que podem afetar a eficácia destes agentes.

Películas e revestimentos comestíveis

Outro método para prolongar o tempo de armazenamento pós-colheita dos produtos hortícolas é a utilização de revestimentos comestíveis, ou seja, camadas finas de material que podem ser ingeridas pelo consumidor como parte do produto alimentar completo. A ideia não é nova; as películas comestíveis já eram utilizadas na China do século XII para os citrinos. No entanto, quando o processamento mínimo dos alimentos começou a ganhar popularidade e se reconheceu que as embalagens deviam ser reduzidas ao mínimo por razões ambientais, o interesse pelos revestimentos comestíveis aumentou significativamente em todo o mundo. Pelo menos teoricamente, os revestimentos comestíveis têm o potencial de reduzir a perda de humidade, restringir a entrada de oxigénio, diminuir a respiração, retardar a produção de etileno, selar os voláteis do sabor e conter aditivos que retardam a descoloração e o crescimento microbiano. Algumas soluções de película comestível patenteadas e comercialmente disponíveis são as baseadas em poliésteres de sacarose de ácidos gordos e o sal de sódio da carboximetilcelulose, que retardam a perda de água ou o acastanhamento; as baseadas em derivados de celulose retardam a descoloração de cogumelos cortados e o desenvolvimento de uma desordem fisiológica das cenouras descascadas conhecida como rubor branco. Os revestimentos à base de carragenina e quitosana são também novos revestimentos que demonstraram um bom prolongamento do prazo de validade de frutas e legumes minimamente processados.

Conclusão

O mercado de alimentos minimamente processados tem crescido rapidamente nos últimos anos devido aos benefícios para a saúde e à conveniência associada a estes alimentos. O seu crescimento aumentou a consciencialização relativamente aos aspectos microbiológicos e fisiológicos associados à qualidade. A tendência do consumismo depende de múltiplos factores como o valor nutricional, a simplicidade, a segurança e a conveniência. Todas estas caraterísticas devem ser consideradas no processamento mínimo. Existem tecnologias e oportunidades emergentes que terão um impacto de grande alcance no mercado. Os sistemas de embalagem ativa e as películas comestíveis, bem como as películas plásticas mais permeáveis que melhor se adaptam à respiração dos vegetais, são áreas de desenvolvimento particularmente activas. Questões como a sustentabilidade das embalagens e o impacto que as embalagens têm nas actuais questões de segurança alimentar estão já a proporcionar enormes desafios e oportunidades. É ainda necessária muita investigação para desenvolver produtos vegetais minimamente processados que tenham uma elevada qualidade sensorial, segurança microbiológica e valor nutricional. Os produtos destinados à venda a retalho carecem de maior desenvolvimento. Parece ser possível atingir um período de conservação de 7-8 dias a temperaturas de refrigeração (5 °C), mas para alguns mercados isto não é suficiente: por vezes é necessário um período de conservação de 2-3 semanas. É necessária mais informação sobre o crescimento de bactérias patogénicas e a ocorrência de alterações nutricionais em produtos hortícolas minimamente processados com um longo período de conservação.

O desafio será como incorporar todos os requisitos desejados numa solução de processamento mínimo melhor e estável para legumes frescos cortados.

Referências:

- Allende A, Tomas-Barberan FA, Gil MI (2006) Minimal processing for healthy traditional foods (Processamento mínimo para alimentos tradicionais saudáveis). Tendências em Ciência e Tecnologia Alimentar 17(9):513-519
- Davidson PM, Critzer FJ, Taylor TM (2013) Naturally occurring antimicrobials for minimally processed foods (Antimicrobianos naturais para alimentos minimamente processados). Annu Rev Food Sci Technol 4:163-190
- Gonzalez-Aguilar GA, Ayala-Zavala JF, Olivas GI, de la Rosa LA, Alvarez-Parrilla E (2010) Preservação da qualidade dos produtos frescos através de tecnologias seguras. J Verbrauch Lebensm 5(1):65-72
- Gorris L (1996) Safety and quality of ready-to-use fruit and vegetables (AIR I-CT92-0125). EU Reseach Results Ready for Application (RETUER), 21 de maio de 1996, Dublin, Irlanda
- Robert C. Wiley (1994). Minimally processed refrigerated fruits and vegetables Chapman & Hall. Inglaterra.
- Thomas Ohlsson e Nils Bengtsson (2002). Minimal processing technologies in the food industry (Tecnologias de transformação mínima na indústria alimentar). Woodhead Publishing Limited e CRC Press LLC. América do Norte.

CAPÍTULO 10

Produção comercial de sementes de culturas hortícolas

Gagandeep Singh[1] , Shubhanshu Anubhav[1] , Rakshanda Anayat[2] , Zahida Rashid[3] , Rehana Rasool[2]
1PG Departamento de Agricultura Khalsa College Amritsar-143002
[2]Faculdade de Agricultura (FoA), Wadura, SKUAST-Kashmir
[3]DARS-Budgam, SKUAST-Caxemira

INTRODUÇÃO

A semente é o componente-chave e o fator de produção mais importante para o êxito de qualquer cultura. A produção de sementes para culturas hortícolas é totalmente diferente da produção de sementes para culturas cerealíferas. As culturas hortícolas destinadas à produção de sementes demoram muito mais tempo do que as culturas destinadas a serem utilizadas como produtos hortícolas. No caso das culturas cerealíferas, as sementes podem ser produzidas num período de tempo semelhante ao das culturas destinadas a cereais alimentares. As culturas hortícolas que são cultivadas para a produção de sementes são organizadas de forma específica para manter a qualidade em termos de pureza genética e física (Anon 2009). Na Índia, a qualidade da semente foi alcançada com a criação da National Seeds Corporation (NSC) em 1963. As principais responsabilidades da NSC incluem o estabelecimento de um sistema adequado de inspeção do controlo de qualidade para o processamento científico, armazenamento e comercialização de sementes. É também responsável pela multiplicação de sementes de variedades pré-libertadas e pela produção de sementes de base de variedades libertadas. O NSC desempenhou um papel importante no desenvolvimento do sector das sementes na Índia. Atualmente, a Índia ocupa a quinta posição na indústria de sementes do mundo. Está a crescer a uma taxa de crescimento anual composta (CAGR) de 12% em comparação com 6,7% do crescimento global. A taxa de substituição de sementes (SRR) das culturas hortícolas também aumentou de 20 nos anos 80 para mais de 90 %. A Índia conta com Rs. 20.000 crores para o comércio de sementes, dos quais o mercado total de sementes de produtos hortícolas é de Rs. 4000 crores (Pandita et al 2023). A produção de sementes da maior parte das variedades e dos híbridos de produtos hortícolas é substituída pelo sector privado, que é exclusivamente realizado por fabricantes específicos. As empresas privadas de sementes concentram-se principalmente no segmento de produção de elevado valor, que inclui produtos hortícolas como o tomate, o pimento, a couve, a couve-galega, a malagueta e as cucurbitáceas, que é comparativamente mais fácil e mais rentável.

Com o aumento da procura de sementes de qualidade entre os agricultores, bem como nos países estrangeiros, principalmente nos países do Sudeste Asiático, a indústria das sementes na Índia está a assistir a novos paradigmas de crescimento e desenvolvimento. Tanto as corporações/empresas do sector público como do sector privado estão ativamente envolvidas na produção de sementes de qualidade. O sector público inclui a National Seeds Corporation (NSC), 16 State Seeds Corporations (SSCs), instituições do Conselho Indiano de Investigação Agrícola (ICAR) e universidades agrícolas estatais. A produção de sementes de produtos hortícolas é diferente de outras culturas porque requer polinização suplementar e tratamentos especializados para induzir a floração e a fixação das sementes. Por conseguinte, um conhecimento aprofundado da biologia das culturas, das técnicas de polinização e dos requisitos climáticos constitui um pré-requisito para a produção de sementes de produtos hortícolas. Os parâmetros de qualidade das sementes de produtos hortícolas são a pureza genética, a pureza física, a germinação, o vigor e a sanidade das sementes. O procedimento de ensaio para estes parâmetros de qualidade está bem definido nas Regras da ISTA (ISTA, 2015), enquanto os requisitos mínimos relativos à germinação, pureza genética, pureza física e limite máximo permitido para sementes doentes, sementes de outras culturas, sementes de infestantes e teor de humidade são mantidos de acordo com a legislação aplicável, nomeadamente IMSCS e/ou OCDE, etc.

Sistema de produção de sementes na Índia

O programa indiano de sementes reconhece três gerações, *ou seja,* sementes de seleção, sementes de base e sementes certificadas, a fim de garantir a qualidade em termos de pureza e viabilidade do trânsito das sementes do produtor para o agricultor. As sementes de seleção são a descendência das sementes nucleares de uma variedade e são produzidas pelo obtentor de origem ou por um obtentor patrocinado. A produção de sementes de reprodução é da competência do ICAR, Nova Deli, e está a ser realizada com a ajuda das instituições de investigação do ICAR, dos centros nacionais de investigação. ACRIP's, Universidades Agrícolas Estaduais (SAUs), obtentores patrocinados reconhecidos por State Seeds Corporation (SSCs) selecionadas, Krishi Vigyan Kendras (KVKs) e organizações não governamentais. Os índices de sementes são recolhidos de empresas privadas de sementes pela National Seed Association of India (NSAI) e de agências governamentais de produção de sementes pelos departamentos de agricultura do Estado. Todos os anos, o ICAR-DAC efectua uma reunião anual de revisão das sementes para analisar a produção de sementes de reprodução. Esta informação é comunicada ao Departamento de Agricultura e Cooperação (DAC) pelo Conselho Indiano de Investigação Agrícola (ICAR). Posteriormente, as sementes de seleção disponíveis são atribuídas a todos os produtores de forma equitativa. As sementes de reprodução produzidas são recebidas diretamente pelo Diretor da Agricultura ou por agências autorizadas de produção de sementes de fundação.

As sementes de base são a progenitura das sementes de seleção e devem ser produzidas a partir de sementes de seleção ou de sementes de base que possam ser claramente rastreadas até às sementes de seleção. A responsabilidade pela produção de sementes de base foi confiada à National Seeds Corporation (NSC), aos departamentos estatais de agricultura, às State Seeds Corporation, a outras agências centrais de produção de sementes e a produtores privados de sementes, que dispõem das infra-estruturas necessárias. As sementes de base devem cumprir as normas de certificação de sementes prescritas nas Normas Mínimas Indianas de Certificação de Sementes, tanto no campo como nos ensaios laboratoriais. A semente certificada é a descendência da semente de fundação e deve cumprir as normas de certificação de sementes prescritas nas Normas Mínimas Indianas de Certificação de Sementes, 2013. No caso de culturas autopolinizadas, as sementes certificadas também podem ser produzidas a partir de sementes certificadas, desde que não ultrapassem três gerações da fase I da semente de fundação.

Tecnologia de produção de sementes de culturas hortícolas

A produção de sementes de qualidade é efectuada de duas formas: in situ e ex situ. A produção de sementes de todas as culturas hortícolas anuais pode ser efectuada in-situ (no campo). Já as culturas bienais, como a cebola, a cenoura, o rabanete, a couve-flor e a couve, são replantadas fora do campo depois de completada a fase vegetativa. O desenraizamento da cultura do campo principal proporciona a oportunidade para a seleção de material de qualidade para a produção de sementes de reprodutores. O melhor rendimento e a melhor qualidade das sementes são alcançados com o cultivo da cultura na estação correta e na área onde está bem adaptada. A disponibilidade de sol abundante, seca e temperatura moderada durante a maturidade e a colheita são mais desejáveis para a produção de sementes. As culturas como a alface e os espinafres requerem condições de dias longos para a floração e a fixação das sementes (Waycott 1995; Kim et al. 2000; Pennisi et al. 2020), enquanto outros produtos hortícolas como a couve, a couve-flor, a beterraba, o rabanete e a cenoura (tipos europeus) requerem uma temperatura de vernalização baixa para a floração e a fixação das sementes. O campo para a produção de sementes de produtos hortícolas deve estar livre de plantas "voluntárias" e de inóculo de doenças transmitidas pelo solo. O espaçamento entre plantas em culturas de sementes como a beringela, o pimento, o tomate, o melão, etc., permanece o mesmo (McDonald e Copeland 1997), mas pode variar em relação à cultura comercial de outros produtos hortícolas (Singh et al. 2010) para manter um espaçamento adequado para o desenvolvimento das flores, a polinização, a facilidade de operações mecânicas e a realização de inspecções de campo em diferentes fases de crescimento.

Requisitos de isolamento

O cruzamento natural em culturas hortícolas autopolinizadas, como a ervilha de jardim, o feijão-frade, o feijão francês, o tomate, etc., é muito reduzido. Por conseguinte, estas culturas requerem uma menor distância de isolamento para manter a pureza genética. Por outro lado, as culturas de polinização cruzada, como o quiabo, a malagueta, as cucurbitáceas e as brássicas, têm mais hipóteses de cruzamento natural, pelo que requerem um isolamento mais longo (quadro 1). Em condições abertas, os insectos são responsáveis por uma polinização satisfatória. Sementes subdesenvolvidas de pepino e outras cucurbitáceas foram encontradas devido à polinização insuficiente (Gupta et al. 2021). Nestas condições, podem ser colocadas colmeias de abelhas para assegurar uma polinização adequada e a fixação das sementes. A aplicação de produtos químicos deve ser evitada na fase de pico da floração e, se necessário, deve ser efectuada à noite ou ao fim da tarde.

Quadro 1 Requisitos mínimos de isolamento para as culturas de sementes de produtos hortícolas na Índia

	Distância mínima de isolamento (m)			
	Variedades ou operações		Híbridos	
Cultura	Fundação	Certificado	Fundação	Certificado
Amaranto	400	200	-	-
Espargos, aipo, salsa	500	300	-	-
Beterraba, rabanete, nabo, espinafres	1600	1000	-	-

Brinjal	200	100	200	200
Cenoura	1000	800	1000	800
Couve-flor, couve, knol khol, couve chinesa	1600	1000	1600	-
Feijão-frade, feijões, dolichos	50	25	-	-
Pepino, cabaça amarga, melão, cabaça de garrafa, abóbora, cabaça de esponja, cabaça de cumeeira, cabaça de cobra, melão de estalo, abóbora de inverno, abóbora de verão, melancia	1000	500	1500	1000
Feno-grego, ervilha de jardim	10	5	-	-
Cabaça de hera, cabaça pontiaguda	20	20	-	-
Abóbora indiana, melão longo	1000	500	-	-
Alface	100	50	-	-
Quiabo, malagueta, pimento	400	200		
Cebola	1000	500	1200	600
Tomate	50	25	200	100

(Fonte: IMSCS 2013)

Desfilar

Para manter a pureza genética e física, a remoção das plantas indesejadas para evitar a mistura de sementes é efectuada em diferentes fases de crescimento. As plantas que não são fiéis ao tipo devem ser sempre removidas com uma inspeção cuidadosa. Nas culturas de polinização cruzada, as plantas indesejáveis (fora do tipo) devem ser removidas antes da floração. Além disso, devem ser eliminadas as ervas daninhas compatíveis com o cruzamento e os seus parentes selvagens, bem como as plantas doentes e infectadas. A seleção requer conhecimentos técnicos sobre caracteres morfológicos como a forma da folha, a cor da flor, a cor/pigmentação do caule, a forma e a cor do fruto, que são geralmente bons marcadores para a seleção das plantas fora do tipo. Por outro lado, os caracteres que são fortemente afectados pelo ambiente, por exemplo, a cor da folha, a altura da planta e a precocidade da floração, não são considerados uma base muito fiável para a classificação. As diferentes fases de crescimento do roguing são as seguintes

(a) Pré-floração: As plantas com caraterísticas morfológicas diferentes, como a altura da planta, a morfologia da folhagem, a cor, etc., devem ser retiradas dos campos de produção de sementes antes da floração.

(b) Floração: Para evitar a mistura de variedades da mesma cultura, a desbaste é efectuada com base na maturidade da coalhada na couve-flor, na expressão sexual nas cucurbitáceas e na época de início da floração nas solanáceas.

(c) No desenvolvimento do fruto: Com base nas caraterísticas de tipo verdadeiro dos frutos em desenvolvimento, como a forma do fruto, a cor de amadurecimento, o tamanho, etc., são eliminados os tipos estranhos.

(d) Na maturidade: As plantas de maturação tardia, no caso de variedades de maturação precoce (especialmente nos produtos hortícolas de fruto) e vice-versa, devem ser eliminadas.

Colheita, extração e secagem de sementes

O estádio de colheita dos produtos hortícolas para a produção de sementes influencia grandemente a qualidade e a quantidade da produção de sementes. A colheita tardia ou prematura afecta negativamente a qualidade das sementes. No caso das crucíferas, como a couve-flor e o repolho, em que a maturação das vagens não é sincronizada, a cultura é colhida e as plantas são mantidas durante alguns dias para que todas as vagens estejam completamente maduras. As indicações de maturação para diferentes culturas hortícolas são apresentadas no quadro 2. Para a extração de sementes, as culturas hortícolas são classificadas em culturas de semente seca, que incluem as brássicas, as leguminosas, a malagueta e a cebola, e culturas de semente húmida, como o tomate, a couve-galega e as cucurbitáceas. Em alguns produtos hortícolas, como o pepino, a abóbora e o melão, as sementes continuam a desenvolver-se mesmo depois da colheita, antes da extração das sementes, onde a maturação pós-colheita é necessária para maximizar o rendimento e a qualidade das sementes (Gupta et al. 2021). A semente é separada do material gelatinoso em produtos hortícolas como o tomate, a couve-galega, o pepino, a melancia, o melão e a cabaça de freixo por qualquer um dos seguintes métodos: fermentação, ácido ou alcalino. As sementes podem ser secas com métodos de secagem naturais e artificiais/forçados para a secagem de sementes de produtos hortícolas, mas não é desejável uma temperatura superior a 35 °C. O intervalo de humidade das sementes deve ser mantido entre 9-12%, enquanto que deve ser mantido < 6-8% para armazenamento no vácuo/selado.

Quadro 2 Índices de maturidade da colheita de diferentes culturas de sementes de produtos hortícolas

S. Não.	Culturas hortícolas	Índice de maturidade
1	Brinjal	A cor dos frutos torna-se amarela/palha
2	Malagueta/capsicum	A cor verde dos frutos muda de cor armazenada ou amarela
3	Tomate	A cor da pele muda de verde para vermelho ou cor-de-rosa
4	Feijões	As vagens basais ficam secas como pergaminho e tornam-se amarelas
5	Ervilhas	A maioria das vagens fica com aspeto de pergaminho
6	Quiabo	As vagens tornam-se cinzentas ou castanhas
7	Cebola	As sementes tornam-se pretas quando amadurecem em cápsulas prateadas
8	Couve-flor, repolho	As plantas começam a secar e as vagens adquirem uma cor castanha
9	Feno-grego	As plantas ficam castanhas
10	Espinafres	As plantas começam a ficar amarelas
11	Cenoura	As umbelas de segunda e terceira ordem tornam-se castanhas
12	Rabanete	As vagens ficam castanhas como pergaminho
13	Nabo	As fibras tornam-se castanhas como pergaminho a partir da cor verde
14	Pepino	O pedúnculo do fruto mostra-se murcho. A maturidade real das sementes pode ser verificada cortando vários frutos longitudinalmente, enquanto as sementes maduras se separam facilmente da polpa
15	Melão	Quando atingem a maturidade, os frutos tendem a separar-se facilmente do caule. O revestimento da pele torna-se ceroso e o aroma do fruto aumenta
16	Abóboras/abóbora	A casca dos frutos torna-se dura e a sua cor muda de verde para amarelo alaranjado ou palha
17	Melancia	Na maturidade, as gavinhas murcham nos rebentos que dão os frutos. A cor da casca dos frutos muda de verde para amarelo na parte inferior do fruto que toca no solo

Quadro 3 Normas mínimas de germinação e pureza das sementes de culturas

hortícolas de acordo com o sistema de sementes da OCDE e o IMSCS, 2013

Em série	Cultura	IMSCS Mínimo (%)		OCDE Mínimo (%)	
		Germinação	Pureza	Germinação	Pureza
1. Cucurbitáceas	Cabaça de cumeeira, cabaça amarga, cabaça de garrafa, cabaça de esponja, abóbora	60	98	80	98
	melão,	60	98	75	98
	melancia	60	98	80	98
	Pepino, abóbora				
2. solanáceas	Brinjal,	70	98	75	97
	tomate Malaguetas, pimento	60	98		
3. Ervilhas e feijões	Dolichos	75	98	75	98
	Feijão francês	75	98	80	98
	Ervilhas	75	98		
4. Produtos hortícolas diversos	Bhindi	65	99		
5. Culturas de bolbos	Cebola	70	98	70	97
6. Culturas de espigas	Couve-flor	65	98	70	97
	Couve, khol khol	70	98	75	97
7. Vegetais de folha	Amaranthus	70	95	70	97
	Espargos	70	96	75	95
	Meti	70	98	70	97
	Alface	70	98		
	Beterraba de espinafres (palak)	60	96		
8. culturas de raízes	Cenoura	60	96	65	95
	Beterraba	60	96	70	97
	Rabanete	70	98	70	97
	Nabo	70	98	80	97

Referências

- Anónimo (2009) Vegetable Seed Production (Produção de sementes de legumes). CCS Universidade Agrícola de Haryana, Hisar.
- Gupta N, Kumar S, JainS K, TomarB S, Singh J, Sharma V (2021) Effects of stage of harvest and post-harvest ripening of fruits on seed yield and quality in cucumber grown under open field and protected environments. Int J Curr Microbiol App Sci 10(01):2119-2134
- ISTA (2015) Regras internacionais para o ensaio de sementes. Associação Internacional de Ensaios de Sementes (ISTA), Bassersdorf, p276
- Kim HH, Chun C, Kozai T, Fuse J (2000) A utilização potencial do fotoperíodo durante a produção de transplantes em condições de iluminação artificial no desenvolvimento floral e na germinação, utilizando *Spinacia oleracea* L. como modelo. Hortic Sci 35:43-45
- McDonald MB, Copeland LO (1997) Seed production-principles and practices. Springer Science Business Media, Dordrecht, p 754
- Pandita V K, Singh P M e Gupta N (2023) Vegetable Seed Production. In: Seed Science and Technology. Dadlani M, Yadava D K (eds.). ICAR-Indian Institute of Vegetable Research, Varanasi, Índia. https://doi.org/10.1007/978-981-19-5888-5_7

- Pennisi G, Orsini F, Landolfo M, Pistillo A, Crepaldi A, Nicola S, Gianquinto G (2020) Fotoperíodo ótimo para o cultivo em interior de vegetais de folha e ervas aromáticas. European J Hort Sci 85(5): 329-338
- Singh PM, Singh B, Pandey AK, Singh R (2010) Vegetable seed production-A ready reckoner. Boletim Técnico n.º 37, ICAR-IIVR, Varanasi, pp 8-13
- Waycott W (1995) Photoperiodic response of genetically diverse lettuce accessions. J Am Soc Hortic Sci 120:460-467

CAPÍTULO 11

Melhoria da saúde do solo através de novas abordagens agronómicas e inovadoras

ТиЛТ 1К>Т on[1] lk/T T-T C'I'X Octi[1] О ЛИ О Оnoлa![1] U ol^C'l'l OTIZ'lc"[1] A ППЮЛ 1^/foT! "У/ЛАГ[2]
inayatv. Khan ,M.H.chesti ,Rehana Rasooi ,RakShanda ,Aanisa ivianzooi ,
Asma Shakeel[2] , Andleeba Jan[2] & Rehana Shakeel[2]
1Faculdade de Agricultura (FoA), Wadura, SKUAST-Caxemira
2Estagiário de investigação Divisão de Ciência do Solo SKUAST-Caxemira

INTRODUÇÃO

Para definir corretamente a saúde do solo, temos de considerar as palavras que formam "saúde do solo". Solo" é definido pela Soil Science Society of America (SSSA) como "o mineral não consolidado ou material orgânico na superfície imediata da terra que serve como um meio natural para o crescimento de plantas terrestres." "Saúde" é definida por Merriam-Webster como "a condição de ser saudável no corpo, mente ou espírito". Podemos reestruturar esta definição de saúde para a aplicar ao solo. Combinada com a definição de solo da SSSA, a "saúde do solo" pode ser definida como ***"o estado do solo em boas condições físicas, químicas e biológicas, com a capacidade de sustentar o crescimento e o desenvolvimento das plantas terrestres".***
O solo, fornecedor de água, nutrientes e apoio mecânico às plantas cultivadas, é explicado como quadridimensional, não consolidado e de natureza dinâmica (Lal, 2016). Os principais componentes do sistema do solo consistem em matéria mineral, que actua como uma fonte inerente de 14 nutrientes minerais essenciais para as plantas e matéria orgânica, que actua como um armazém (Elixir). O solo também fornece nutrientes minerais essenciais para as plantas, juntamente com carbono e espaço poroso ocupado por água e ar, fornecendo três nutrientes básicos não minerais para as plantas: carbono (C), oxigénio (O) e hidrogénio (H). No estado ideal, as proporções destes factores são 45% de matéria mineral e 5% de matéria orgânica; enquanto os restantes 50% são ocupados por espaço poroso. Esta natureza tetradimensional e as proporções distintas de espaço sólido e poroso conferem ao solo propriedades físicas, químicas e biológicas distintas que se alteram ao longo do tempo.

O conceito de saúde do solo começou com a utilização do termo "saúde do solo" por *Wallace* (1910) no que respeita à capacidade do húmus para fornecer uma solução para quase todos os problemas relacionados com o solo e com o grande desenvolvimento histórico do conceito de saúde do solo. A saúde do solo é definida por vários autores de diferentes formas, devido ao envolvimento de um grande número de indicadores de saúde do solo.

"A saúde do solo, também referida como qualidade do solo, é definida como a capacidade contínua do solo para funcionar como um ecossistema vivo vital que sustenta plantas, animais e seres humanos. (*Serviço de conservação dos recursos naturais, USDA*)

"Uma propriedade integradora que reflecte a capacidade do solo para responder à intervenção agrícola, de modo a que continue a apoiar tanto a produção agrícola como a prestação de outros serviços ecossistémicos." (*Kibblewhite et al., 2008*)

"A saúde do solo é a capacidade de um tipo específico de solo funcionar, dentro dos limites de um ecossistema natural ou gerido, para sustentar a produtividade vegetal e animal, manter ou melhorar a qualidade da água e do ar e apoiar a saúde e a habitação humanas." (*Soil Science Society of America*)

Questões relacionadas com a saúde do solo

Alguns dos problemas com que se confronta a saúde do solo estão diretamente relacionados com os diferentes serviços prestados pelo sistema do solo e necessitam de remediação e gestão imediatas para uma saúde óptima do solo.

> Degradação física do solo
> Degradação química do solo
> Redução da matéria orgânica do solo
> Alteração das reacções do solo (acidificação e sodificação)
> Modificação do estado dos nutrientes minerais do solo (Nutrientes
> Desequilíbrio, carência de multi-nutrientes e deficiência de nutrientes
> Exploração mineira
> Acumulação de compostos tóxicos
> Degradação biológica do solo
> Serviços do ecossistema do solo

Práticas de gestão da saúde do solo

1. Diversificação das fontes de nutrientes

As necessidades nutricionais das plantas são satisfeitas pelo fornecimento inerente ao solo ou por nutrientes para plantas aplicados externamente através de fontes orgânicas, fontes inorgânicas e inoculantes microbianos. Juntamente com o fornecimento de nutrientes, estas fontes de nutrição vegetal aplicadas externamente têm impactos variados nas propriedades do solo, que podem ser positivos ou negativos. A utilização monótona de uma única fonte (especialmente fertilizantes químicos) durante um longo período pode alterar as propriedades do solo a ponto de o tornar doente. Estes nutrientes fornecidos através de fertilizantes químicos permanecem disponíveis durante um curto período de tempo devido à sua propriedade de mudar a natureza química, e podem perder-se do local juntamente com a água em movimento. O desequilíbrio no uso desses fertilizantes e a falta de atenção para a fertilização de nutrientes secundários, como o enxofre, e micronutrientes, viz. Fe e Zn, levam à sua deficiência generalizada *(Tandon, 2013*). Tudo isto leva a uma deficiência multi-nutricional e a níveis variados de degradação do solo. A economia da nutrição das culturas pode ser melhorada através da substituição parcial dos fertilizantes químicos por outras fontes na exploração agrícola ou por recursos económicos fora da exploração. As fontes de nutrição das culturas, que ajudam a manter ou a melhorar a saúde do solo, para além de fornecerem nutrição, são os resíduos agro-industriais, os minerais sem processamento, os estrumes verdes e castanhos, os estrumes de ervas daninhas e os biofertilizantes.

2. Adubos verdes e castanhos

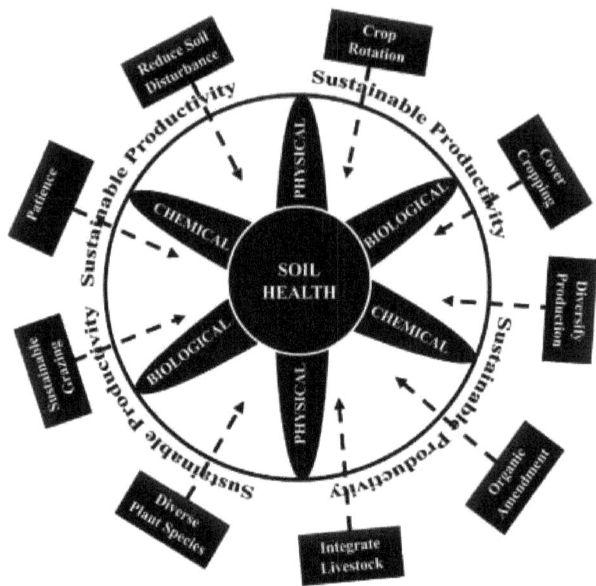

O crescimento de leguminosas e o seu pisoteio in situ na fase de floração por lavoura (aração) ou incorporação de folhas e galhos jovens de plantas colhidas de outra área é chamado de adubação verde. A importância do uso de culturas de adubação verde foi reconhecida há muito tempo *(Pieters, 1927*) por sua capacidade de fornecer nitrogênio (*Yang et al., 2018*) e aumentar o carbono orgânico do solo (*Ramesh e Chandrasekaran, 2004*); enquanto seus efeitos multifacetados na produção agrícola (Valadares et al., 2016) e sua quantificação em várias culturas e locais estão ganhando movimento posteriormente. Tanto a adubação verde quanto a marrom têm um efeito significativo e positivo na saúde do solo, juntamente com sua contribuição para a melhoria da produtividade e economia na aplicação de fertilizantes químicos. Ao mesmo tempo, o adubo verde tem um imenso potencial para ser uma importante fonte de nutrição das culturas na agricultura biológica, que está a ganhar impulso na Índia.

3. Utilização de resíduos de culturas e resíduos agro-industriais

A produção de culturas arvenses ocupa a maior área da área bruta cultivada em comparação com outras culturas, como as hortícolas. Considerando o índice de colheita das culturas arvenses e a composição nutritiva destes resíduos (*Sadh et al., 2018*), estas podem ser as opções potenciais para a diversificação das fontes de nutrientes na agricultura. Ao mesmo tempo, a maioria dos resíduos gerados na agricultura é volumosa e adicionará uma grande quantidade de carbono orgânico no solo, que é a espinha dorsal de diferentes processos. A iniciativa logística e política para a utilização de resíduos como fonte de nutrição das culturas, a mistura de diferentes resíduos de culturas para aumentar o teor de nutrientes e a libertação mais rápida de nutrientes e a identificação específica do local, bem como a promoção de processos rentáveis para a conversão de resíduos de culturas em formas adequadas a utilizar como fonte de nutrição, são a área de impulso para promover a utilização de resíduos de culturas como fonte de nutrição. A nível global, os resíduos produzidos a partir de seis grandes culturas (arroz, trigo, cevada, cana-de-açúcar, milho e soja) é de 3,7 Pg (bilhões de toneladas) de matéria seca ano-1 (*Bentsen et al., 2014*); enquanto *Lal (2005*) relatou 3,8 Pg ano-1 de produção de resíduos. A utilização de resíduos de culturas como fonte de nutrição das culturas será uma situação vantajosa para ambas as partes, uma vez que ajuda a reduzir os resíduos não utilizados na agricultura e a sua contribuição para a poluição e a pegada ecológica, bem como o sucesso na diversificação das estratégias de gestão de nutrientes dominadas por fertilizantes químicos.

A importância da utilização de resíduos de culturas e resíduos agro-industriais na saúde do solo é enumerada a seguir:

- Melhoria do teor de carbono orgânico do solo;
- Serve de alimento e combustível para a diversidade microbiana e também ajuda a enriquecer a diversidade da população de micróbios desejáveis no solo;
- ajudam a reduzir o impacto dos processos de degradação física do solo devido ao seu impacto positivo nas propriedades físicas do solo, como a agregação do solo e a taxa de infiltração;
- o carbono orgânico do solo aumenta a capacidade de troca catiónica, a saturação de bases e a quelação de micronutrientes, tamponando o pH, melhorando assim a saúde química do solo. e melhora a saúde química do solo através do processo de decomposição dos poluentes do solo, que também é acelerado pelo aumento do carbono orgânico do solo.

4. *Incluir culturas de cobertura*

As culturas de cobertura estão a ser mais amplamente adoptadas, mas muitos agricultores ainda têm dúvidas sobre a sua utilidade. As raízes das culturas de cobertura melhoram a agregação do solo e reduzem a erosão. Os resíduos das culturas de cobertura também reduzem o impacto das gotas de chuva na superfície do solo e servem de habitat e fonte de alimento para os micróbios do solo. À medida que os organismos decompõem os resíduos, os nutrientes são libertados de volta para o solo. A matéria orgânica, um componente chave da saúde do solo, pode aumentar durante um período mais longo à medida que os resíduos são adicionados de novo ao sistema. A combinação de plantio direto e culturas de cobertura é uma ótima maneira de manter o solo coberto, minimizar os distúrbios, maximizar o crescimento de raízes vivas e maximizar a diversidade de plantas. As culturas de cobertura também podem ajudar a gerir os nutrientes no campo, retirando o azoto do solo durante os meses de pousio (Figura 3). No inverno (após a remoção da cultura comercial) e no início da primavera (antes da plantação) são os períodos em que normalmente se verifica a maior perda de azoto do solo. As culturas de cobertura podem evitar algumas destas perdas e reciclar o azoto no sistema, acabando por libertar o azoto dos resíduos mortos à medida que os organismos do solo iniciam o processo de decomposição. A escolha de espécies que morrem no inverno (espécies que "matam no inverno", como a aveia e o rabanete) em vez de espécies que hibernam (como o centeio de cereais e o azevém anual) fará a diferença na quantidade de azoto do solo eliminado e no momento da sua libertação.

5. Sistemas de lavoura avançados

A lavoura convencional envolve a manipulação física do solo; por conseguinte, tem várias implicações na saúde do solo que podem ser vistas principalmente na saúde física do solo, na saúde biológica do solo e, por último, na saúde química do solo. O principal objetivo da lavoura convencional à base de arado é a gestão das ervas daninhas e a preparação de camas de sementes com as propriedades físicas do solo necessárias. Devido à disponibilidade de uma estratégia alternativa para o manejo de ervas daninhas (herbicidas) e à manutenção de condições físicas do solo adequadas para a semeadura de culturas sem lavoura, o atual sistema de lavoura baseado em arado está se moldando a uma nova forma, que é coletivamente chamada de lavoura de conservação. As outras razões responsáveis pelo surgimento e adoção do sistema de lavoura de conservação incluem o efeito adverso da lavoura baseada no arado na degradação do solo através da erosão e do carbono orgânico desvanecido, aumentando os preços da energia (petróleo) necessária para a operação de lavoura. O sistema de lavoura de conservação baseia-se em três princípios principais, nomeadamente a perturbação mecânica contínua ou mínima do solo, a manutenção de uma cobertura vegetal permanente de biomassa na superfície do solo e a diversificação das espécies de culturas (*Kassam et al., 2019*). Consiste em diferentes formas, como lavoura zero, lavoura mínima e lavoura de cobertura morta de restolho. O efeito positivo deste sistema de lavoura na saúde do solo é indicado pelos três princípios acima mencionados da agricultura de conservação, e o aumento da área sob lavoura de conservação indica ganho económico em formas tangíveis ou não tangíveis pelas partes interessadas. As melhorias de saúde alcançadas através do sistema de lavoura de conservação são listadas abaixo:

- Redução da taxa de erosão do solo através da ação do vento e da água, que pode ser conseguida devido a uma redução da erodibilidade.
- O aumento do carbono orgânico do solo com um mínimo de 30% da superfície coberta com resíduos de culturas é o princípio do sistema de lavoura de conservação.
- Aumentar a população e a diversidade microbiana, o carbono e o azoto da biomassa microbiana do solo e as actividades enzimáticas microbianas dos microrganismos devido à disponibilidade de matérias orgânicas como alimento.
- Melhoria dos principais parâmetros físicos do solo, como a capacidade de retenção de água, a agregação do solo, a taxa de infiltração, a porosidade, a densidade aparente e a resistência do solo, tornando-o fisicamente saudável.
- Os resíduos de culturas adicionados são uma fonte de múltiplos nutrientes para as plantas e, por conseguinte, melhoram a saúde química do solo.
- As propriedades químicas do solo, como a moderação da temperatura, o pH tampão do solo, a capacidade de retenção de nutrientes e a capacidade de troca iónica são positivamente afectadas pela lavoura de conservação.
- Alguns obstáculos na adoção do sistema baseado na lavoura de conservação incluem usos competitivos de resíduos de culturas, imobilização de nitrogênio durante a decomposição de resíduos, atuação de resíduos de culturas como material de hibernação para pragas de culturas e patógenos causadores de doenças, acúmulo de população de cupins, redução da germinação de culturas e dificuldade na aplicação de

adubo e fertilizante.

- O terceiro princípio da AC (diversificação das espécies de culturas) pode reduzir a extração de nutrientes da mesma camada de solo e, se forem incluídas no sistema de culturas culturas culturas restauradoras da fertilidade (como as leguminosas e as gramíneas), isso terá efeitos positivos e benéficos para a saúde do solo.
- A manutenção dos resíduos de culturas também ajuda a corrigir a salinidade da zona radicular do solo devido à redução das perdas por evaporação.

Aumentar a diversidade microbiana do solo

Há duas formas possíveis de aumentar a diversidade microbiana do solo. A primeira é a adição direta de cultura microbiana e a outra é o aumento da população microbiana inerente do solo, proporcionando um ambiente adequado para o crescimento microbiano. A melhoria direta da diversidade microbiana do solo foi iniciada com a utilização de biofertilizantes (inoculação microbiana com capacidade de aquisição/fixação de nutrientes) para a fixação de azoto. As opções possíveis para aumentar a diversidade microbiana são as seguintes

- Utilização de culturas microbianas com capacidade de aquisição e fixação de nutrientes.
- Utilização de culturas microbianas que tenham uma interação antagónica com microrganismos causadores de doenças e rizobactérias deletérias.
- Utilização de culturas microbianas que aceleram a taxa de renovação da matéria orgânica
- Utilização de microrganismos que segregam hormonas promotoras de crescimento, como a auxina
- Utilização de micróbios com capacidade para acelerar a decomposição dos resíduos de agroquímicos ou de poluentes do solo.

As formas indirectas de aumentar a diversidade da população microbiana incluem:

- Utilização de fontes orgânicas de nutrição das culturas, de acordo com a disponibilidade e as considerações económicas, em combinações variadas de fertilizantes químicos.
- Mudança do sistema de lavoura de convencional para lavoura de conservação. O impacto da melhoria da diversidade microbiana na saúde do solo sobrepõe-se ao impacto da diversificação das fontes de nutrientes, uma vez que ambos são interdependentes na sua capacidade de melhorar a saúde do solo. Os resíduos de culturas servem de matéria-prima para as actividades microbianas, ao passo que os micróbios são agentes importantes para a decomposição ou a renovação de fontes de nutrientes diversificadas. Alguns dos efeitos positivos adicionais do aumento da diversidade microbiana do solo são os seguintes - O aumento da diversidade microbiana do solo acelera a decomposição de agroquímicos e de outras secreções vegetais nocivas, tornando assim o solo livre de poluição.
- Armazenamento a curto prazo da nutrição das plantas através do processo de imobilização, reduzindo assim as perdas de nutrientes das plantas.
- Ajuda a reduzir a população de microrganismos causadores de doenças do solo devido à interação antagónica e à competição pelos mesmos recursos naturais.

Diversificar os sistemas de produção

A introdução da diversidade no seu sistema de produção permitir-lhe-á construir um solo saudável. A diversificação do seu sistema de produção pode ser efectuada de diferentes formas. O fator-chave é aumentar intencionalmente a biodiversidade na exploração agrícola ou na área cultivada, quer aumentando o número de espécies de culturas plantadas, quer integrando o gado no sistema de cultivo. Os sistemas agrícolas diversificados incluem práticas como variedades e culturas mistas, integração de gado na produção agrícola, culturas de cobertura, rotação de culturas, pousio de campos, sebes, faixas de proteção e muitas outras práticas (Kremen et al., 2012). Todas estas práticas introduzem novas espécies no sistema agrícola que podem melhorar a saúde do solo e apoiar a biodiversidade agrícola.

Outros benefícios dos sistemas agrícolas diversificados incluem melhorias no ciclo de nutrientes, gestão da água no solo, controlo de pragas e habitats para polinizadores. Um estudo realizado no leste do Novo México, no qual o pastoreio animal foi integrado em sistemas de produção vegetal, levou a uma melhoria da saúde do solo através do aumento do tamanho da comunidade microbiana, da matéria orgânica do solo e do azoto total, em comparação com as terras de cultivo convencionais. Para além da melhoria da saúde do solo, a diversificação da produção vegetal numa exploração agrícola pode ajudar a minimizar as perdas, uma vez que os riscos de produção são distribuídos pelos diferentes produtos que a exploração produz.

Práticas sustentáveis de pastoreio de animais:

As estratégias de pastoreio em sistemas de pastagem podem afetar positiva ou negativamente a saúde do solo. Muitas propriedades do solo podem ser afectadas por uma densidade inadequada de animais (número de animais por unidade de superfície) que pastam numa determinada terra. Um dos principais problemas encontrados devido ao sobrepastoreio é a compactação dos campos agrícolas e a degradação da estrutura superficial do solo. Com o sobrepastoreio, as comunidades vegetais que estão a ser pastoreadas podem ser rapidamente esgotadas e danificadas, impedindo o seu recrescimento e limitando, assim, a utilidade da terra para o futuro pastoreio. Alguns factores importantes a considerar que podem afetar a saúde do solo quando se pasta a terra incluem

a. Espécie e densidade do efetivo. Quanto mais pesados forem os animais, maior será o seu impacto em termos de compactação do solo. Por exemplo, o pastoreio de ovelhas e cabras causará menos compactação do que um número equivalente de bovinos. Além disso, quanto maior for o encabeçamento, maior será a compactação e a degradação da estrutura do solo.

b. A humidade do solo afecta a predisposição de um solo para a compactação e a rutura estrutural. Quanto mais húmido for o solo, maior será a compactação e a degradação estrutural. Por conseguinte, o pastoreio num campo muito húmido afectará negativamente a saúde do solo, causando compactação e perda de estrutura.

c. O coberto vegetal pode proporcionar proteção, actuando como uma barreira entre os cascos dos animais e o solo. A vegetação também aumenta a capacidade de suporte de carga

d. Capacidade de carga do solo, aumentando assim a sua capacidade de suportar pesos pesados sem sofrer compactação. Quanto mais vegetação existir nas terras de pastagem, melhor será a capacidade do solo para suportar uma pastagem sustentável. Para manter e melhorar a saúde do solo, o coberto vegetal não deve ser sobrepastoreado, mas sim adequadamente pastoreado para assegurar a recuperação e o recrescimento das comunidades vegetais nas terras de pastagem.

Conclusão

A avaliação e a gestão da saúde do solo continuarão a desempenhar um papel proeminente nos sistemas de produção agrícola dos agro-ecossistemas áridos e semi-áridos. Um solo saudável é mais resistente às flutuações das condições de crescimento. Com as incertezas climáticas anuais, a resiliência do sistema de solos tem de ser reforçada para fazer face a estas variações. A diversificação dos sistemas de produção através da adoção da agricultura de conservação e da agricultura biológica merece ser considerada pelo seu papel na melhoria da saúde do solo. O sistema fechado de ciclagem de nutrientes, obtido através de um sistema agrícola integrado, será a opção auto-sustentada de gestão da saúde do solo, juntamente com a melhoria da eficiência da utilização dos recursos. É necessário prestar atenção à saúde biológica do solo, com o envolvimento de tentativas para aumentar a diversidade microbiana do solo e reduzir a poluição do solo causada pela utilização extensiva de agroquímicos.

Referências:

- Bentsen, N. S., Felby, C., e Thorsen, B. J. (2014). Produção de resíduos agrícolas e potencial para serviços de energia e materiais. Progr. Energy Combust. Sci. 40, 59-73 doi: 10.1016/j.pecs.2013.09.003
- Kassam, A., Friedrich, T., e Derpsch, R. (2019). Propagação global da agricultura de conservação. Int. J. Environ. Stud. 76, 29-51. doi: 10.1080/00207233.2018.1494927
- Kibblewhite, M. G., Ritz, K., e Swift, M. J. (2008). Saúde do solo no sistema agrícola. Philos. Trans. Royal Soc. B 363, 685-701. doi: 10.1098/rstb.200 7.2178
- Lal, R. (2005). World Crop residue production and implications of its use as biofuel (Produção mundial de resíduos de culturas e implicações da sua utilização como biocombustível). Environ. Int. 31, 575-584. Doi 10.1016/j.envint.2004.09.005
- Ramesh, K., e Chandrasekaran, B. (2004). Soil organic carbon build up and dynamics in rice-rice cropping system. J. Agron. Crop Sci. 190, 21-27. doi: 10.1046/j.0931-2250.2003.00069.x
- Sadh, P. K., Duhan, S., e Duhan, J. S. (2018). Resíduos agroindustriais e sua utilização utilizando fermentação em estado sólido: uma revisão. Bioresour. Bioproces. 5:1. doi: 10.1186/s40643-017-0187-z.
- Tandon, H. L. S. (2013). Methods of Analysis of Soils, Plants, Waters, Fertilizersand Organic Manures [Métodos de Análise de Solos, Plantas, Águas, Fertilizantes e Adubos Orgânicos]. Nova Deli: Organização para o Desenvolvimento e Consulta de Fertilizantes, 204 + xii.
- Valadares, R. V., Avila-Silva, L. D., Teixeira, R. D. S., De Sousa, R. N., e Vergutz, L. (2016). "Adubos verdes e resíduos de culturas como fonte de nutrientes em ambiente tropical", em Fertilizantes Orgânicos - Do Básico
Concepts to Applied Outcomes, eds M. L. Larramendy e S. Soloneski (publicação IntechOpen). Disponível online em:

https://www.intechopen.com/books/organicfertilizers- from-basiccon- cepts-to-applied-outcomes/green-manures-andcrop- residues-assource- of-nutrients-in-tropical-environment (acedido em 20 de novembro de 2020).

- Wallace, H. A. (1910). Relação entre a criação de gado e a fertilidade da terra. Retrospective Theses and Dissertations, 98. Disponível online em: http://lib. dr.iastate.edu/rtd/98 (acedido em 20 de novembro de 2020).
- Yang, L., Bai, J., Liu, J., Zeng, N., e Cao, W. (2018). Efeito da adubação verde nas mudanças das frações de nitrogênio do solo, crescimento do milho e absorção de nutrientes. Agronomia 8:261. doi: 10.3390/agronomia811026

CAPÍTULO 12

Açafrão - uma cultura de especiarias de baixo volume e elevado valor comercial de Jammu e Caxemira

F. A. Nehvi
Ex-professor e Diretor de Biotecnologia Vegetal
SKUAST-Kashmir

INTRODUÇÃO

Descrição

O açafrão da Caxemira (*Crocus sativus* L.) tem a distinção de ser uma das principais especiarias de Jammu e Caxemira há milhares de anos. Os componentes do odor (safranal), do sabor (picrocrocina) e do pigmento (crocina) que constituem a especiaria "Açafrão" estão localizados nos lóbulos estigmáticos vermelhos da flor de C. sativus. Ao longo dos últimos 2500 anos, os agricultores da Caxemira selecionaram o C. sativus pelos seus estigmas caracterizados pela acumulação de apocarotenóides. O açafrão da Caxemira (Crocus Sativus L.) é uma planta triploide perene estéril, adaptada para superar um período de dormência seca sob a forma de um cormo subterrâneo. Os cormos permanecem dormentes desde o início da estação seca (abril-maio), quando as 5 folhas senescem e murcham, até ao início do verão (julho), caracterizado pela formação da folha primordial. Pouco depois, dá-se a morfogénese da flor e esta já está diferenciada no final de agosto. Com o início da germinação no final de outubro, o cormo transforma-se num órgão de origem para apoiar o crescimento do cormo-filho. A ontogénese do açafrão de Caxemira estende-se por 6 fases de desenvolvimento, de Ist maio a 25th junho (dormência do cormo), de 26th junho a 25th agosto (ontogénese da flor), de 26th agosto a 20th outubro (brotação do botão), de Ist outubro a 10th novembro (reprodutiva), de 11th novembro a 30th março (vegetativa) e de Ist abril a 30th abril (senescência da planta). O período de ontogénese do açafrão com órgãos acima do solo (183 dias) é quase semelhante ao período com órgãos não acima do solo (182 dias). Entre os vários períodos ontogénicos, a fase vegetativa é a mais longa (142 dias), seguida da ontogénese da flor (60 dias), da fase de dormência (55 dias), da fase reprodutiva (41 dias), da fase de brotação dos botões (36 dias) e da senescência da planta (30 dias). Observa-se que o momento do estádio fenológico está estreitamente relacionado com os parâmetros climáticos, nomeadamente as temperaturas do ar (mínima e máxima). A fase vegetativa é a mais crítica, uma vez que a necessidade de arrefecimento para a vernalização é recebida durante 66 dias (11th novembro a 15th fevereiro). O período é crítico para o desenvolvimento de cormos de substituição que dependem largamente da translocação eficiente de fotossintatos da fonte para o sumidouro. A fase de crescimento fenológico termina com a senescência da planta, com a produção de rebentos totalmente maduros que mostram a impressão dos rebentos-mãe (Salwee & Nehvi, 2018). Foi proposto um sistema de estadiamento para o desenvolvimento do açafrão que se baseia em critérios simples, visuais e não destrutivos para permitir a determinação rápida do estádio de desenvolvimento. As flores de açafrão roxo têm três sépalas violetas e três pétalas semelhantes entre si, ou seja, tépalas. Na parte inferior, estão unidas no tubo perianto. As tépalas são de cor violeta com nervuras mais escuras. As flores são erectas. O tubo do perianto serve de caule entre o ovário e a flor. Os segmentos do perianto são quase iguais, com 3-6 cm de comprimento e 12,5 cm de largura, oblanceolados a ovados. A flor tem um ovário subterrâneo, um estilete (5 a 9 cm de comprimento), que se divide no topo em três estigmas vermelhos em forma de trombeta (2 a 3 cm de comprimento) que, quando secos, formam a especiaria comercial - o açafrão. O pistilo é central, com um ovário tubular e um estilete. O estilete é longo e amarelo pálido, ramificado num estigma vermelho alaranjado de três ramos. O androecium é constituído por três estames distintos, em número de três e mais pequenos do que o perianto. As anteras encontram-se na parte superior dos filamentos. Existem três estames unidos aos segmentos exteriores do perianto, mas são mais pequenos do que o perianto. O comprimento do filamento é de 10 mm e o das anteras de 15 a 20 mm. As anteras são de cor amarela e o filamento de cor branca. No entanto, no sulco aparente do pedicelo, os 6 filamentos são ligeiramente pigmentados e parecem ligeiramente arroxeados (Salwee & Nehvi, 2014).

Nomes vernáculos em diferentes línguas:

É conhecida por diferentes nomes, como Croum pelos romanos, Zafran pelos árabes, Zafferano pelos italianos, Saffron pelos franceses, Azafran pelos espanhóis, Saffran pelos alemães, Shafran pelos russos, Zaferan pelos turcos e "Kumkuma em sânscrito, "Kesar" em hindi, "Zaffron" em urdu, "Kong" em caxemira, "Keshar" em bengali, marata, punjabi e gujarati, "Agnishikhe" em kannada, "Kungumappu" em tamil.

ESTATUTO DO AÇAFRÃO

Origem

A história do açafrão gira em torno de vários mitos e lendas que lhe estão associados. Existem diferentes relatos sobre a origem do açafrão, desde as regiões montanhosas da Ásia Menor até à Grécia, Ásia Ocidental, Egito ou Caxemira (Tammaro, 1990; Abdullaev, 1993; Delgado et al., 2006). A cultura do açafrão em Caxemira foi introduzida pelos imigrantes da Ásia Central por volta do século I a.C., sendo o açafrão conhecido como Bahukam na antiga literatura sânscrita (Amarakosara, 11.6.124). No entanto, Caxemira tornou-se tão famosa pelo cultivo do açafrão que, juntamente com Bahalikam, o açafrão também ficou conhecido pelo nome de Caxemira como Kashmirajam na antiga literatura sânscrita indiana (Amarakosa). Rajatarangini, Kalhana inclui o açafrão de Caxemira entre os atributos especiais de Caxemira que, segundo eles, "não poderiam estar disponíveis nem mesmo no Paraíso". O autor de "Ragatarangini", a famosa história sânscrita de Caxemira, que começou a ser escrita em 1148 d.C., faz alusão ao açafrão na sua introdução. "Caxemira é um país onde o sol brilha suavemente, sendo o lugar criado por Kashyapa como que para sua glória. Segundo AbulFazl, o famoso historiador da corte de Akbar, havia doze mil bighas de cultivo de açafrão em Pampore. A flor aparece a meio do mês de Aban. A flor ergue-se na parte superior do caule e é constituída por seis pétalas e seis estames. Três das seis pétalas têm uma cor lilás fresca e encontram-se à volta das restantes três pétalas. Os estames estão dispostos de forma semelhante, três de cor amarela em torno dos outros três, que são vermelhos. Wan Zhen, um especialista médico chinês, relatou que "o habitat do açafrão é Caxemira, onde as pessoas o cultivam principalmente para o oferecer a Buda".

Área cultivada (distribuição)

Dominado pelo Irão, com uma produção total de 404 M.T., o Território da União de Jammu e Caxemira da Índia, abençoado por um clima temperado, é um território único com a distinção de produzir 18,05 M.T. de açafrão de qualidade (4,10% de quota de produção) com um nível único de minerais como P, Mg, Ca, Fe, K, Na, Glucose, Frutose e carotenóides como crocina, safranal e picrocrocina. Outros países como a Espanha, seguida da Grécia, Azerbaijão, Afeganistão, Marrocos, Turquia e Itália, contribuem com 4,17% para a produção mundial de açafrão. Os registos históricos revelam que Pampore J&K (Índia), Khorasan do Sul (Irão), Castilla La-Mancha (Espanha) e Crocus Kozani (Grécia) são os locais de património onde o sistema de produção de açafrão é mantido há milhares de anos com caraterísticas meteorológicas, físicas e geográficas distintas que confirmam os requisitos da cultura do açafrão

O Território da União de Jammu e Caxemira, situado entre 32017 e 36058 de latitude norte e 32026 e 80030 de longitude leste, situa-se na grande cordilheira noroeste dos Himalaias e é o local onde o açafrão é predominantemente cultivado na Índia. De facto, Caxemira tem a distinção de ser uma das três regiões de cultivo de açafrão mais importantes do mundo. O açafrão de Caxemira é cultivado nos campos de Pampore, que era famoso, ab-initio, pelo seu nome original Padam-pore, situado na margem do rio Vatista. Pampore está situada a 34°01'N e 74°56'E, com uma altitude média de 1 574 metros, cerca de 25 km a sudeste de Srinagar, em Caxemira. O açafrão é cultivado no Estado de J&K como uma cultura de sequeiro em terras altas, designadas no dialeto local por "Karewas", que são solos severa a moderadamente erodidos situados a uma altitude de 1600 a 1800 m.a.m.s.l. Os solos são de textura pesada, sendo a textura predominante nos horizontes superiores a argila siltosa e nos horizontes inferiores a argila siltosa. O sistema de cultivo do açafrão continua a inspirar os agricultores familiares e as comunidades locais através da segurança dos meios de subsistência que proporciona a mais de 32 000 famílias de agricultores localizadas em 47 aldeias do distrito de Pulwama, 45 aldeias do distrito de Budgam, 3 aldeias do distrito de Srinagar e 25 aldeias do distrito de Kishtwar. O distrito de Pulwama representa 84,54% da área total, seguido do distrito de Budgam (7,92%), Srinagar (4,25%) e Kishtwar (3,17%). O distrito de Pulma representa 86,2% (15 550 toneladas) da produção total, seguido de Budgam (8%), Srinagar (4,4%) e Kishtwar (1,4%)

PROPRIEDADES MEDICINAIS DO AÇAFRÃO

A flor de açafrão de Caxemira é uma fonte rica em minerais. Os estames são uma fonte rica em cinzas, proteínas, lípidos, fósforo, magnésio, potássio e inositol, enquanto as tépalas são uma fonte importante de açúcares redutores, glucose, sacarose, maltose e manitol. Além dos pigmentos, o pistilo, um produto económico, é uma fonte rica em hidratos de carbono, cálcio, sódio, ferro, frutose e sorbital (Iffat Hassan et al., 2015). O açafrão da Caxemira também confirma uma elevada qualidade intrínseca para os três carotenóides viz; Crocina, Picrocrocina e Saffranal

Utilizações do açafrão

O açafrão, para além de ser uma fonte de receitas para o comércio externo, está fortemente ligado à ética social, comercial e cultural das comunidades envolvidas no seu cultivo.

O açafrão como medicamento

O açafrão merece ser utilizado como erva medicinal desde a antiguidade. O açafrão é composto por três substâncias químicas: um pigmento carotenoide de cor amarela brilhante, um sabor amargo picrocrocina e um aroma picante saffranal com caretonóide que lhe atribui um efeito anticancerígeno, antitumoral e propriedades imunomoduladoras. O açafrão tem muitas utilizações na medicina ayurvédica, unani, chinesa e tibetana. É popularmente conhecido como um estimulante, de ação quente e seca, que ajuda nos problemas urinários, digestivos e uterinos. Devido à presença de fitoquímicos, o açafrão apresenta um amplo espetro de propriedades medicinais e tem sido utilizado para o alívio e tratamento de várias doenças humanas. Na Ayurveda, o açafrão é utilizado para curar doenças crónicas como a asma e a artrite, para tratar a tosse e a constipação, o acne e para regular os distúrbios menstruais. É também utilizado em casos de febre e de aumento do baço e do fígado. O açafrão foi considerado benéfico no tratamento de vários distúrbios digestivos, reforçando a função do estômago, antiespasmódico, diaforético, um sedativo que combate a tosse e a bronquite, atenua as cólicas e a insónia. Não se pode excluir uma propriedade antioxidante do açafrão. Verificou-se que os extractos aquosos e etanólicos de açafrão reduzem a pressão sanguínea de forma dependente da dose. Não se pode excluir o potencial do extrato de açafrão e dos seus ingredientes activos caretonóides para o tratamento de perturbações neurodegenerativas que acompanham deficiências de memória, psoríase e asma alérgica e como antidepressivo, anti-inflamatório e anti-convulsivo. Os iranianos utilizam o açafrão como remédio anticonvulsivo. Alguns dados sugerem também que a crocetina pode ser útil na prevenção do Parkinsonismo. Investigações recentes sugerem que a supressão da oxidação do LDL pela crocetina contribui para a atenuação da arteriosclerose. O açafrão é também rico em muitas vitaminas vitais, incluindo Vit A, ácido fólico, riboflavina, niacina e Vit C, que são essenciais para uma saúde óptima

O açafrão como especiaria

O açafrão é uma especiaria régia de aroma inigualável e é a mais cara do mundo. São necessárias 1,60,000 flores para produzir um quilograma de açafrão puro. Cada filamento pode colorir 700 vezes o seu próprio peso em água. A "especiaria dourada", como é conhecida, é utilizada como corante e aromatizante. Tem um aroma e um sabor distintos devido ao componente químico safranal e picrocrocina. 14 Devido à presença do composto químico caretonóide natural crocina, confere-lhe uma cor amarela. É utilizada em sopas e molhos, especialmente em pratos de arroz, para dar uma cor amarela brilhante e um sabor distinto. No Médio Oriente, é muito utilizado no arroz, no café e nas sobremesas. O chá de açafrão está também a tornar-se popular. Em Espanha, onde o açafrão também é cultivado, é utilizado na confeção de cusinas típicas espanholas. Em Caxemira, o açafrão é utilizado na preparação de "zaffrani kehwa" e é também utilizado como corante no wazwan de Caxemira. Além disso, o açafrão é também utilizado nos lacticínios para colorir a manteiga e o queijo e como ingrediente-chave no fabrico de tabaco de mascar aromatizado. Uma vez que o açafrão é um corante orgânico natural e, ao contrário de outros corantes vegetais, é altamente permanente e não se desvanece facilmente, é por isso que é utilizado como corante. O açafrão também é utilizado na indústria cosmética como ingrediente para fazer marcas no rosto, para remover borbulhas, para acalmar erupções cutâneas e como antialérgico, sendo também utilizado em sabonetes de beleza. Os estigmas secos são utilizados para fazer perfume.

Açafrão em Perfumes

Devido às suas propriedades de saúde como relaxante e cura natural contra dores de cabeça, no Médio Oriente, o açafrão é utilizado para preparar um perfume à base de óleo chamado "Zaafran Attar", que é uma mistura de açafrão e madeira de sândalo. O açafrão é também utilizado como ingrediente de perfume em muitas marcas famosas de renome internacional Na indústria dos lacticínios, o açafrão dá uma cor bonita à manteiga e ao queijo. Também realça o sabor e proporciona muitos benefícios para a saúde. É também utilizado no gelado de açafrão. O açafrão é utilizado como ingrediente-chave no fabrico de tobbaco de mascar aromatizado (Zaafrani Zarda), utilizado principalmente na Índia. O açafrão realça o sabor em grande medida.

Indústria alimentar

O açafrão é utilizado na indústria alimentar como um dos ingredientes em alimentos desidratados, misturas, sopas, masalas, gelados e muitos outros produtos alimentares transformados. Utilizando sistemas alimentares industriais modernos, foram produzidos e propostos aos consumidores produtos como o açafrão em pó para sobremesas, o açafrão em pó para creme de caramelo, o açafrão em pó para bebidas, a mistura de açafrão para bolos, o açafrão em pó para cremes, o açafrão em pó para massas, as sopas de açafrão e as misturas de especiarias de açafrão prontas a usar para uma variedade de utilizações. (Shariati Moghaddam 2004)

Açafrão nos Rituais

Antes do Renascimento, o açafrão tinha várias utilizações religiosas. Ainda hoje, as mulheres indianas, quando oferecem orações, recebem uma pasta de açafrão na testa (Tikka) como símbolo de bênçãos, boa sorte e benevolência. Também na Índia, o açafrão é oferecido como sacrifício em muitos templos. Sabe-se que certos textos sagrados foram escritos com tinta de açafrão.

Açafrão nos cosméticos

Nos países asiáticos, onde a cor amarela produzida pela imersão dos filamentos de açafrão em líquido era chamada "a própria perfeição da beleza", o açafrão tornou-se o cosmético mais valioso que se podia obter. Antigamente, a utilização do açafrão como máscara facial para eliminar as borbulhas e acalmar as erupções cutâneas estava limitada às mulheres da realeza ou às mulheres das casas de aristocratas ou comerciantes ricos. Estas senhoras utilizavam-no para uma variedade de fins. O açafrão é antialérgico e uma pasta feita de açafrão, aplicada no rosto e nas partes expostas do corpo, era utilizada da mesma forma que a maquilhagem de base é utilizada pelas mulheres de hoje. Esta pasta de açafrão não só conferia suavidade à pele da mulher, como também lhe dava uma tonalidade dourada, que era considerada tão desejável que as mulheres grávidas chegavam a beber leite com a infusão de açafrão, na esperança de que os seus filhos adquirissem uma tez dourada. O extrato de açafrão é também utilizado em sabonetes de beleza. Tradicionalmente, as noivas indianas utilizam-no para a pintura cerimonial das suas peles. A utilização do açafrão na indústria cosmética está agora bastante difundida com a tendência para utilizar produtos naturais e devido às suas substâncias activas. A Safinter é o principal fornecedor de açafrão para a indústria cosmética. Hossein-Fekrat (2004) demonstrou a aplicação de extractos de açafrão a partir de estigmas secos de açafrão por etanol aquoso em formulações de cosméticos, produtos de cuidados da pele e de proteção solar. O seu estigma seco é utilizado em corantes e perfumes.

INDICAÇÃO GEOGRÁFICA DO AÇAFRÃO DE CAXEMIRA

Singularidade do açafrão de Caxemira:

Singularidade devido aos registos históricos e ao seu reconhecimento

A forte história do cultivo de açafrão na Caxemira foi reconhecida pela Organização das Nações Unidas para a Alimentação e a Agricultura (FAO) em 2011, através do reconhecimento do Património do Açafrão de Pampore como Sistema de Património Agrícola Globalmente Importante (GIAHS), que é de natureza única entre os países produtores de açafrão do mundo (Certificado conferido pela FAO Roma ao SKUAST-Kashmir em Pequim, China, em 2011).

A singularidade e as provas históricas do açafrão da Caxemira foram recompensadas pela Autoridade de Patentes da Índia sob a forma de etiqueta de indicação geográfica (GI) para o açafrão da Caxemira sob o GI n.º 635 e o certificado n.º 366 datado de 1-05-2020.

Unicidade devido às diferenças geográficas.

Existem diferenças geográficas distintas entre a Caxemira e outros países produtores de açafrão do mundo, nomeadamente em termos de altitude, latitude e longitude, que conduzem a diferentes tipos de clima. O clima da Caxemira é temperado, ao contrário do clima árido do Irão, do clima mediterrânico continental de Espanha e do clima subtropical húmido da Grécia. As diferenças geográficas contribuem para a singularidade do açafrão de Caxemira no que respeita à qualidade e a outros parâmetros: Distinção Em resultado de uma situação geo-agro-climática favorável, das caraterísticas específicas do solo, das condições de plantação, das práticas humanas tradicionais e de uma mão de obra local qualificada, o pistilo do açafrão de Caxemira confirma uma grande variabilidade no que respeita aos parâmetros relacionados com o desenvolvimento da flor, em especial o peso do estigma. Em média, 1 kg de flores frescas de açafrão no Irão rende 13,08 g, em comparação com 22 g obtidos nas condições da Caxemira, o que indica que o pistilo é mais pesado, o que leva a uma maior recuperação do açafrão, caraterística única do açafrão da Caxemira. Como resultado das condições de cultivo a grande altitude em Caxemira (cerca de 1700 m.a.m.s.l em

Caxemira, em comparação com 800 a 900 m a.m.s.l. noutros países), os genes responsáveis pelos caracteres de qualidade intrínseca do açafrão, em especial o aroma, são mais expressivos, o que conduz a uma elevada qualidade do açafrão da Caxemira. A situação geo-agro-climática faz com que as flores de açafrão da Caxemira sejam uma fonte rica de minerais. Os estames são uma fonte rica em cinzas, proteínas, lípidos, fósforo, magnésio, potássio e inositol, enquanto as tépalas são uma fonte importante de açúcares redutores, glucose, sacarose, maltose e manitol. Além dos pigmentos, o pistilo, um produto económico, é uma fonte rica em hidratos de carbono, cálcio, sódio, ferro, frutose e sorbital.

Singularidade devido a marcadores citológicos

Os marcadores citológicos revelam que o cariograma do açafrão da Caxemira está em contradição com o obtido noutras partes do mundo. O comprimento dos cromossomas do açafrão da Caxemira é superior ao do açafrão cultivado noutras partes do mundo. Os dois homólogos I e III do açafrão de Caxemira são mais longos do que o homólogo II do tripleto metacêntrico (conjunto f), o que está novamente em contradição com os cromossomas de **açafrão** de outras regiões do mundo.

O cultivo do açafrão na Caxemira é 100% biológico, uma vez que não são utilizados pesticidas, herbicidas e fungicidas no seu cultivo, em comparação com o Irão, onde o cultivo é 100% inorgânico.

Singularidade devido ao comércio

Um processo tradicional único, lendário em Caxemira, está a ser utilizado para converter o açafrão de Caxemira de grau Lacha filamentoso (estigma com estilo) em açafrão de Caxemira de grau Mongra filamentoso cortado (apenas estigma). Distinção O processo garante um produto de qualidade com uma concentração uniforme de carotenóides ao longo de todo o comprimento do estigma. O açafrão de Caxemira de qualidade Lacha (estigma com estilo) é escovado com as mãos para separar o estilo do estigma, seguindo-se o processo de peneiração para limpar o estigma do estilo.

VARIEDADES COMERCIAIS DE AÇAFRÃO

Em Jammu e Caxemira, o açafrão é atualmente cultivado como uma subpopulação natural desde 500 a.C. em 3715 ha. Devido à falta de uma cultivar de alto rendimento, os ganhos de produtividade até à data foram obtidos através de boas práticas de gestão cultural. Atualmente, a variedade comercial inclui açafrão recebido da subpopulação natural de diferentes áreas de cultivo de açafrão da J&K

Onde e como cultivar a variedade comercial

Clima

O clima temperado com dias de sol durante o período de floração é favorável a uma boa produção. A humidade do solo durante o mês de setembro é favorável para iniciar o crescimento atempado das raízes e dos rebentos vegetativos florais / aéreos. As localidades situadas a uma altitude de 1500 a 2400 m.a.s.l., cobertas de neve durante o inverno, proporcionam o arrefecimento necessário para a cultura comercial do açafrão.

Solo

Os solos argilosos bem drenados e de reação neutra são os mais adequados para a cultura do açafrão

Preparação do terreno

Antes de plantar o açafrão, procede-se a uma lavoura profunda, que consiste em lavrar o solo a uma profundidade de cerca de 30 cm, utilizando um arado de tração animal e pranchas. Todos os meses, de janeiro a setembro, a lavoura é feita no mesmo sulco para atingir a profundidade necessária e para manter o campo limpo. Esta operação não é difícil de ser mecanizada utilizando tractores e charruas e grades correspondentes. A lavoura é efectuada no mesmo sulco para atingir a profundidade necessária, bem como para manter o campo limpo. A operação pode ser efectuada em agosto, em vez de o longo calendário operacional ser completado ao longo de um período de 4 meses, segundo as práticas tradicionais. Para evitar a estagnação da água, à qual o açafrão é sensível, o campo é disposto em faixas de 2 m de largura e 10-20 m de comprimento ao longo do declive do campo, com canais de drenagem de 30 cm de largura e 15 cm de profundidade em ambos os lados. Anteriormente, os canteiros eram feitos de 2 x 2 m com drenos em toda a volta, mas atualmente preferem-se as faixas longas. Após a formação dos canteiros, a sementeira é efectuada manualmente, lançando os cormos de açafrão atrás do arado. O custo estimado da preparação da terra, que envolve animais de tração e trabalho humano, ascende a Rs.10, 250. O custo pode ser reduzido com a utilização de uma plantadora de canteiros. O transplantador semi-automático de vegetais também é promissor.

Processo de cultivo:

Seleção dos cormos:

O tamanho dos cormos do açafrão varia de 1 a 20 g. Os cormos que pesam até 2 g não têm potencial de floração e até 8 g o seu potencial é limitado. No entanto, os cormos com peso superior a 8 g são produtivos e a capacidade máxima de floração é demonstrada por cormos com peso superior a 14 g. Com base no peso do cormo, os cormos são classificados em 4 grupos, a saber: < 4 g (pequeno), 4 a 6 g (médio), > 6-8 g (grande), > 8g [(muito grande (cormos com 2,5-3 cm de diâmetro têm 8g de peso)]. Os cormos com peso superior a 8 g, isentos de ferimentos e lesões de doenças, são selecionados e as escamas exteriores soltas são removidas antes da plantação.

Tratamento dos cormos:

Desde há vários anos, uma das principais tensões bióticas enfrentadas pela cultura do açafrão é a infeção fúngica da podridão dos cormos, uma doença transmitida pelo solo causada por Fusarium moniliforme var intermedium, um micélio não identificado de um fungo basidiomiceto. Cerca de 46% do solo dos campos tradicionais de açafrão está infetado com o fungo e a infeção está a alastrar de forma constante. Os campos de açafrão estão também altamente infectados com nemátodos parasitas de plantas que provocam a clorose das folhas radicais, que se tornam amarelas e conduzem à ausência total de cormos. Os cormos de açafrão saudáveis de grau misto, sem lesões ou ferimentos de doenças, devem ser mergulhados numa solução fungicida preparada dissolvendo 50g (0,1%) de carbendizime 50 WP e 150g de Mancozeb (0,3%) em 50 litros de água um dia antes da sementeira. Os cormos devem ser mergulhados durante 510 minutos e devem ser devidamente secos à sombra antes de serem semeados. Os cormos que flutuam na solução fungicida devem ser removidos

Gestão integrada de nutrientes:

A prática de cultivar açafrão durante um ano sem suplementação de nutrientes reduziu drasticamente a fertilidade dos solos nos campos de açafrão. Com exceção do potássio, o carbono orgânico, o azoto e o fósforo destes solos diminuíram. Consequentemente, o tamanho e o vigor dos cormos produzidos em cada estação são reduzidos, o que afecta diretamente o estande da cultura e o potencial de floração da planta. Na plantação fresca, todos os fertilizantes inorgânicos e estrumes são aplicados durante a preparação do solo como um único suplemento, exceto o azoto que é aplicado em três doses iguais divididas. Após a lavoura de disco, aplica-se e mistura-se estrume de quinta bem

podre. Antes da lavoura final com cultivador, fertilizantes químicos e adubos orgânicos em termos de 1/3 de ureia e dose completa de DAP, MOP e vermicomposto são aplicados e bem misturados com o solo. O nitrogénio restante é aplicado em faixas em dezembro e fevereiro, quando há humidade disponível. No entanto, na cultura existente, o calendário INM é seguido com a sacha de agosto. O módulo de gestão integrada de nutrientes (INM) está a ser seguido. Ureia @ 145.728 kg/ha (7.286 kg/kanal), D.A.P @ 132 kg/ha (6.600 kg/kanal), MOP
@ 83 kg/ha (6.600kg/kanal), FYM @ 10 toneladas/ha (5 quintals/kanal) e vermicomposto @ 5 quintals/ha (25 kg/kanal) estão a ser aplicados na **plantação de** açafrão:

O ciclo de plantação, a época de plantação, o método de plantação e a taxa de sementeira são os factores críticos para a produtividade do açafrão. Uma vez plantados, os rebentos-mãe são mantidos no campo durante muitos anos, permitindo-lhes produzir rebentos-filha que continuam o ciclo de produção sem interrupção, embora à custa de uma diminuição da produtividade. Os ciclos de plantação têm geralmente uma duração de 10 a 12 anos. Antes da plantação dos rebentos de açafrão, é efectuada uma lavoura profunda com um arado de tração animal. Todos os meses, de janeiro a setembro, a lavoura é efectuada para manter o campo limpo. Depois de o campo estar pronto, os rebentos de diferentes graus são plantados em setembro, deixando cair manualmente os rebentos de açafrão atrás de um arado de tração animal. O campo é disposto em canteiros de 2 m x 2 m, com canais de drenagem profundos em ambos os lados. No entanto, as práticas científicas de cultivo recomendam a sementeira manual de cormos a uma profundidade adequada de 15 cm. Num hectare de terra, 40-50 quintais de cormos com peso superior a 8 g são semeados em canteiros elevados com canais de drenagem em toda a volta, com uma população de plantas de 5 lac cormos/ha. A sementeira manual de cormos é praticada em linhas com um espaçamento de 20x10 cm e a uma profundidade de 15 cm, com 1 cormo/colina. A sementeira é concluída entre 15 e 30 de agosto para garantir uma floração abundante na primeira quinzena de outubro.

Irrigação:

Na Caxemira, o açafrão é cultivado em condições de sequeiro, uma vez que não existe atualmente qualquer fonte de água nos karewas de açafrão. Os agricultores dependem das chuvas de setembro para obterem um bom fluxo de flores e os atrasos nas chuvas (finais de outubro) são prejudiciais para a cultura, pois são acompanhados de temperaturas mínimas e máximas baixas que provocam o aborto das flores. A região costumava receber anualmente chuvas de 600 a 1000 mm, parte das quais ocorria entre agosto e meados de outubro e depois em novembro, as duas fases críticas para uma floração normal e uma boa colheita para o ano seguinte. No entanto, desde há vários anos, o clima tornou-se bastante irregular. As chuvas são escassas ou irregulares, o que afecta negativamente a floração e o subsequente desenvolvimento das plantas. A aplicação de água de 20th agosto a 26th outubro (fase de pré-floração) acelera o crescimento de raízes adventícias que promovem o desenvolvimento e crescimento de primórdios florais. Da mesma forma, o período pós-floração (7 de novembro a 4 de dezembro) requer água para promover o crescimento das folhas radicais, assegurando uma relação eficiente entre a fonte e o sumidouro para um melhor desenvolvimento do bolbo com um índice elevado de bolbos grandes. A programação da irrigação usando o modo de aspersão confirmou que o açafrão requer 980 m3 ha-1 (980000 litros ha-1) sob densidade normal e 1479 m3 ha-1 (1479000 litros ha-1) sob alta densidade a ser suplementada a intervalos de quinze dias durante as fases críticas do crescimento da cultura, de 20 de agosto a 4 de dezembro. Durante a fase de germinação (20th agosto a 2nd setembro) recomenda-se uma irrigação com uma necessidade total de água de 140 m3/ha em densidade normal e 210 m3 ha-1 em alta densidade, seguida de quatro irrigações com uma necessidade total de 560 m3 ha-1 em densidade normal e 840 m3 ha-1 em alta densidade, a aplicar durante a fase de pré-floração (3rd setembro a 26th outubro). Durante o período de floração não é recomendada nenhuma irrigação. O período pós-floração (7th novembro a 4th dezembro) requer 280 m3 ha-1 e 429 m3 ha-1 de água a ser aplicada em duas irrigações divididas sob densidade normal e alta, respetivamente. Ao programar a rega, a precipitação registada durante o período deve ser tida em conta para as necessidades totais de água e apenas as necessidades restantes devem ser complementadas através do sistema de aspersão. No caso de zero por cento de precipitação durante o período de irrigação, a quantidade total estimada de água deve ser suplementada através da irrigação. As horas de trabalho de cada secção têm de ser ajustadas à quantidade de água a aplicar nesse período específico, tendo em conta o teor de humidade inicial do solo. O estudo do impacto da aplicação de água a 1044 m3 ha-1 através de um sistema de irrigação concebido durante as fases críticas do crescimento da cultura (agosto a outubro com 0% de precipitação) registou uma produção de açafrão de 7,5 kg ha^{-1} , confirmando a relevância da irrigação nas fases críticas do ciclo de cultivo do açafrão (Nehvi et al., 2017; Nehvi et al., 2018).

Gestão de roedores:

Os roedores causam perdas anuais consideráveis na cultura do açafrão, danificando os cormos de açafrão. A gestão dos roedores com recurso a rodenticidas é esporádica e não é feita como uma campanha e com zelo missionário. No entanto, a maior parte das vezes, os agricultores fumigam as tocas com estrume de vaca e erva. Os roedores do açafrão (Pitymys lucuru) podem ser geridos através de um programa de gestão de seis dias. No entanto, não é possível aplicar esse calendário para controlar o porco-espinho, uma praga selvagem que, ultimamente, tem vindo a danificar os campos de açafrão. Os roedores danificam os cormos de açafrão, uma vez que estes são uma fonte rica em hidratos de carbono e que, durante o inverno, estão facilmente disponíveis como único alimento. Fazem tocas nos feixes. Boas práticas em plantações de densidade normal Os produtores utilizam bolsas de fosforeto de alumínio (5-10g) como fumigante de tocas. Boas práticas em plantações de alta densidade Alta densidade significa mais material alimentar para os roedores por unidade de área. Por isso, é preciso ter cuidado extra com o manejo dos roedores. É necessário identificar as tocas vivas. Devem ser colocadas bolsas de fosfeto de alumínio (5-10 g) nessas tocas vivas, a cada 1 bolsa/toca. A bolsa deve ser cortada e imediatamente mantida na toca, assegurando a presença de uma certa quantidade de humidade no local onde a bolsa é mantida. A toca deve ser imediatamente enchida com terra e deixada sem ser mexida

Operações interculturais:

As ervas daninhas causam perdas significativas à cultura do açafrão devido ao esgotamento dos nutrientes. Em geral, os agricultores não praticam a monda e deixam as ervas daninhas crescer com a cultura, colhendo-as como forragem em maio, quando a folhagem do açafrão seca. A sachadura de setembro é praticada por todos os agricultores de açafrão, com algumas excepções para a sachadura de junho

Rotação de culturas:

A rotação dos campos de açafrão após um ciclo de plantação de mais de 15 anos é uma prática comum em Jammu e Caxemira. Em geral, os campos de açafrão são mantidos em pousio ou rodados com sementes de linho durante 2-3 anos antes de uma nova cultura, tendo recentemente sido introduzidos no sistema de cultivo o milho e a aveia como forragem. A rotação é um fator crucial para o controlo de pragas e doenças e para o aumento da fertilidade do solo. Os agricultores têm constatado que o açafrão não deve ser cultivado na mesma terra e que deve ser praticado um período de pousio adequado ou introduzir outras culturas na rotação.

Recorte múltiplo:

O açafrão em J&K, particularmente em Caxemira, é cultivado como uma cultura de alameda entre fileiras de amendoeiras. As amendoeiras têm uma relação simbiótica com o açafrão, uma vez que as árvores perdem as folhas antes do início da floração. Atualmente, foram criados pomares de macieiras em terras de açafrão, em especial no distrito de Budgam. No Irão, foi recentemente introduzida a cultura intercalar de açafrão com cominhos pretos.

Processamento pós-colheita

Em Jammu e Caxemira, o açafrão floresce na segunda quinzena de outubro e continua a florescer até à primeira semana de novembro, mas isto depende da temperatura e da humidade disponíveis. As flores são colhidas pelos membros da família de manhã cedo, de acordo com o calendário fixado pelos agricultores para cada zona. As flores são colhidas na base e recolhidas em sacos de polietileno, cestos de vime, cestos de plástico ou sacos de pano. O açafrão da Caxemira é bem conhecido pela sua elevada qualidade intrínseca, mas as práticas tradicionais de pós-colheita seguidas pelos agricultores resultam em perdas pós-colheita da ordem dos 30%, com uma qualidade inferior do produto. A deterioração da qualidade ocorre devido ao atraso na colheita e à recolha das flores em materiais de polietileno não higiénicos. Uma vez que a floração é irregular devido à falta de instalações de irrigação e os dias de colheita são fixos, a maior parte das flores jovens com pistilo mais curto são também colhidas, o que leva a uma diminuição da produtividade. Um estudo sobre o açafrão da Caxemira mostra que as partes da flor fresca de açafrão contêm 8% de estigmas, 2% de estilete, 80% de sépalas e pétalas e 2% de resíduos. Uma vez que a crocina está confinada apenas aos estigmas, o tamanho e o rendimento dos estigmas são as principais concentrações nas selecções de uma determinada fase da colheita das flores. Normalmente, o peso médio do estigma tripartido fresco varia de 26 a 37 mg, o seu comprimento varia de 28 a 35 mm e o seu diâmetro de 3 a 4 mm, desde o botão da flor até à fase de plena floração, que se estende por 5 dias. No entanto, o comprimento combinado do estigma e do estilo varia de 45 a 55 mm. As práticas actuais de pós-colheita resultam numa recuperação de 20-22 g de açafrão por kg de flores frescas de açafrão com um poder de coloração que varia entre 100 e 150 a 440 nm (8-10%), obtendo-se assim um preço baixo no mercado de exportação. Os passos seguintes são importantes para as intervenções pós-colheita.

Colheita de flores:

A maior parte dos agricultores apanha as flores sem qualquer horário de colheita ou idade da flor. O material de colheita é também impróprio e não é seguida qualquer higiene durante a apanha das flores. No entanto, no âmbito de práticas científicas, os agricultores praticam a apanha de flores abertas com 2 dias de idade em cestos abertos nas primeiras horas da manhã, depois de se certificarem de que não há orvalho nas flores para evitar a deterioração das mesmas.

Separação do Pistilo:

A separação do estigma é atrasada devido à falta de mão de obra familiar suficiente, o que leva à perda de recuperação. Segundo as práticas modernas, os agricultores separam os pistilos no prazo de 10 horas após a colheita das flores, o que garante a recuperação de cerca de 25-30 g de açafrão seco a partir de 1 kg de flores frescas de açafrão.

Secagem do Pistilo :

Segundo as práticas tradicionais, o açafrão é seco à sombra durante cerca de 72 horas, o que provoca uma deterioração da qualidade. Nos métodos científicos modernos, os pistilos são secos utilizando métodos rápidos de secagem que envolvem secadores de ar quente, secadores solares, secadores eléctricos e secadores de vácuo.

Gestão pós-colheita:

No Estado de Jammu e Caxemira, o açafrão é comercializado principalmente sob três formas: lachha, Gucchi e mongra. As formas Lachha e Gucchi consistem no filamento total (porção estigmática inteira + estilo), enquanto a forma Mongra consiste na porção estigmática inteira sem qualquer estilo. O açafrão Mongra contém mais 10 por cento de pigmento em comparação com os correspondentes Laccha e Gucchi. Os secadores solares/ar quente/vácuo melhoram a qualidade em 60% (Nehvi et al., 2005). A secagem tradicional à sombra, que demora 27-53 horas e é comum em Caxemira, é responsável pela biodegradação da crocina em crocetina, diminuindo assim a qualidade do produto que, de outro modo, seria elevada devido ao elevado teor de crocina e açafrão.

Doenças do açafrão

Podridão do açafrão

Um importante stress biótico enfrentado pela cultura do açafrão é a infeção fúngica da podridão dos cormos, uma doença do solo causada por Fusarium monliforme var intermedium, um micélio não identificado de um fungo basidiomiceto. Cerca de 46% do solo dos campos tradicionais de açafrão está infetado com o fungo e a infeção está a alastrar de forma constante. Os campos de açafrão estão também altamente infectados com nemátodos parasitas das plantas, que provocam a clorose das folhas radicais e as tornam amarelas, conduzindo à podridão completa dos cormos. Os cormos doentes apresentam manchas castanhas escuras, afundadas e irregulares, por baixo das escamas dos cormos. As lesões de podridão têm geralmente 1 mm de profundidade, com margens elevadas e localizam-se normalmente nas regiões das raízes e dos gomos. Em casos graves, todo o rebento se transforma numa massa negra pulverulenta com as escamas fibrosas exteriores em posição. Em alguns cormos, observa-se uma massa fúngica branca ou branco-amarelada.

Os cormos doentes produzem uma folhagem com sintomas semelhantes aos do "Die Back". Não se observam manchas nas folhas. A folhagem amarelada pode ser facilmente arrancada dos rebentos doentes.

Gestão cultural

- Cultura do açafrão com um ciclo de plantação mais curto, de 4-5 anos
- Plantação de cormos saudáveis, sem podridão, lesões/injúrias Controlo químico A suspensão fungicida é preparada dissolvendo 5 g (0,1%) de carbendizime 50 WP e 15 g de Mancozeb 75 WP (0,3%) em 50 litros de água. Os açafrões classificados, sem lesões nem escamas soltas, são mergulhados na suspensão fungicida (no máximo 1,5 q) durante 5-10 minutos. Os açafrões são retirados da suspensão com um cesto de salgueiro e deixados a secar à sombra durante 15-20 minutos, para drenar o excesso de humidade. A mesma suspensão pode ser utilizada 23 vezes.

Doença foliar do açafrão

A podridão dos cormos é um grande desafio, mas os caprichos climáticos observados em J & K a partir de agosto de 2014 em termos de padrão de precipitação irregular, particularmente durante as fases críticas do crescimento da cultura, resultaram no aparecimento de uma nova doença foliar que afecta a planta na fase vegetativa. Foi identificada uma nova doença foliar do açafrão causada por Rhizoctonia solani e a gestão programada foi normalizada. As folhas apresentavam lesões púrpuras a castanho-escuras e um aspeto parcial ou completamente amarelado, sobretudo a partir das pontas. A aplicação de carbendazim 12% + Mancozeb 63% 75 WP @ 0,25% (2,5 g por litro de água) ou carbendazim 50 WP ou tiofanato metílico cada um @ 0,05% (5 g por 10 litros de água) como pulverização foliar controla a doença (Hassan & Devi, 2003, Salwee & Nehvi, 2016, Ahmad et al., 2018, Nehvi et al., 2018, Tong Zhang et al., 2019, Gupta et al., 2021, Nehvi & Salwee, 2021)

PREÇO MÉDIO DO AÇAFRÃO NO MERCADO INTERNO

O açafrão da Caxemira é comercializado em três categorias: Lacha (filamentoso), Mongra (filamentoso cortado) e Guchi (especialidade do distrito de Kishtwar). As flores de açafrão abertas de diferentes idades são colhidas em cestos abertos e arejados durante a manhã. As flores colhidas são depois submetidas a uma separação dos pistilos, seguida de secagem. Um quilograma de flores frescas de açafrão, composto por 3000 a 4000 flores frescas, produz cerca de 25-30 g de açafrão seco. Após a secagem, o açafrão Lacha é submetido a um novo processo tradicional inovador para desenvolver o "Mongra Grade". O açafrão Lacha (estigma com estilo) é escovado com as mãos para separar o estilo do estigma, seguido de um processo de peneiração para limpar o estigma do estilo. Os estigmas limpos são depois esfregados entre os polegares para garantir a uniformidade da cor do produto. Todo o processo é único e lendário para o açafrão de Caxemira e garante a sua qualidade. A Caxemira é um forte concorrente do Irão, não devido à produção, mas devido à qualidade que a natureza concedeu ao açafrão de Caxemira. O preço médio de mercado ao longo de sete anos para o açafrão de Caxemira não IG (grau Lacha) foi registado em Rs 121450/kg, enquanto para o Mongra não IG foi registado em Rs.152500/kg. No que respeita ao açafrão de Caxemira com IG vendido no India International Saffron Trade Centre, o preço médio do Mongra foi de Rs 213000/Kg e o do lacha com IG foi de Rs 180000/kg. A promoção da marca através da marca GI aumentou o preço médio de mercado da mongra em 39,7% e o da lacha em 48,2%

EXPORTAÇÃO E PRINCIPAIS COMPRADORES DE AÇAFRÃO

O Jammu e Caxemira (J&K) tem um enorme potencial para a produção e exportação de culturas devido às suas diferentes zonas agro-climáticas, amplos recursos hídricos e terras férteis. No entanto, o sector agrícola da região tem permanecido largamente inexplorado devido a factores como a falta de infra-estruturas, o acesso limitado ao crédito, a baixa produtividade e a ausência de uma política de exportação agrícola bem definida. Para encorajar as exportações agrícolas, o governo pôs em prática uma série de iniciativas; o Projeto de Desenvolvimento Agrícola Holístico de Jammu e Caxemira (HADP) foi formulado e está em vigor desde abril de 2023, para criar uma cadeia de valor integrada com disposições para estabelecer infra-estruturas essenciais e assegurar a adoção de protocolos científicos para aumentar a produção para uma melhor realização de preços. O incentivo e a inclusão de actores privados/corporativos criariam um ecossistema de agro-negócios que conduziria a um sistema autoperpetuante. Estão a ser envidados esforços idênticos para globalizar a "marca J&K", a fim de participar na cadeia de valor global. É necessário criar mecanismos facilitadores, incluindo o estabelecimento de terminais de exportação, zonas de exportação agrícola para diferentes produtos de base, certificação, licenciamento, indicação geográfica, etc. Prevê-se que as exportações agrícolas da J&K ultrapassem a marca dos 3000 milhões de rupias nos próximos cinco anos, a fim de alcançar um excedente comercial global por uma larga margem. através da criação de uma procura efectiva de produtos agrícolas da JK a nível internacional para uma melhor realização dos preços. Em vista disso, a Política de Exportação Agrícola da J&K foi enquadrada em abril de 2023 "Para promover a produção agrícola orientada para a exportação e as operações de exportação por meio da sincronização de políticas para trazer eficiência em toda a cadeia de valor e vinculá-los aos mercados globais, a fim de obter melhores rendimentos dos agricultores."

Situação das exportações de açafrão

Durante 2020-21, a Índia exportou 1,95 toneladas de açafrão (10,8% do comércio de exportação) contra a produção total de 18,05 toneladas (Figura-3). A presença de países não produtores no mercado de exportação com 30% de quota de exportação (28,7 MT) indica uma forte procura de açafrão da Caxemira no mercado

REFRÊNCIAS

- Abdullaev, F. I. 1993. Efeitos biológicos do açafrão. Biofactores 4: 83-86.
- Ahmad, M., Vinay S., Shah, M. D. (2018). Podridão de cormo do açafrão (Crocus sativus L.) e sua gestão. Ata Horticulturae, 1200, ISHS, 111-114
- Delgado, M. C., Aramburu, A. Z. e Diaz-Marta, G. L. A. 2006. A Composição Química do Açafrão: Cor, Sabor e Aroma. pp 1-213. Imprenta Junquera S.L. Albacete
- F.A. Nehvi, Salwee Yasmin, Sabina Naseer, Shahina A.Nagoo, Bashir Ahmad Elahi, Aijaz Ahmad Lone e Aflaq Hamid.2017. Irrigação: Um insumo crítico para

aumentar a produção e a produtividade do açafrão na publicação J&K.SKUAST-K

- Gupta, V., Sharma, A., Rai, P. K., Gupta, S. K., Singh, B., Sharma, S. K., Singh, S. K., Hussain, R., Razdan, V. K., & Kumar, D. (2021). Podridão de cormo do açafrão: Epidemiologia e gestão. Agronomia, 11(339), 1- 19. https://doi.org/10.3390/agronomy11020339
- Hassan, M. G., & Devi, L.S. (2003). Corm rot diseases of saffron in Kashmir valley. Indian Phytopathology, 56(1), 122
- Iffat Hassan, Afifa Kamili, Farhan Rasool, Firdous Nehvi, Parvaiz Rather, Salwee Yasmin, Rafiq A Pampori, Yasmeen Jabeen, Atiya Yaseen, Safia Bashir e Saima Naaz (2015) Dermatite de contacto em trabalhadores do açafrão: Clinical Profile And Identification Of Contact Sensitizers In Saffron-Cultivating Area Of Kashmir Valley of North India [Perfil Clínico e Identificação de Sensibilizadores de Contacto na Área de Cultivo de Açafrão do Vale de Caxemira do Norte da Índia]. Dermatitis.26 (3) :136-141
- Nehvi, F.A., Salwee, Y., Ishfaq, A., Dar, S.A., Mudasir, A., & Ghulam, H. (2018a). Problemas e perspectivas do cultivo de açafrão em Jammu e Caxemira. Spice India, 31(12), 25-28.
- Nehvi,F.A.e Salwee Yasmin.2021. Iniciativas de política e investigação para a promoção do sistema de cultivo e comércio de açafrão para duplicar o rendimento dos agricultores. Journal of Horticulture and Postharvest Research 2021, Vol. 4 (Edição especial: Avanços recentes no açafrão), 89-110
- Salwee Yasmin e F.A.Nehvi.2014. Variações estruturais e biologia do açafrão da Caxemira - um estudo. Vegetos Vol. 27(02) 376-381
- Salwee, Y., & Nehvi, F. A. (2016). Perda económica de açafrão (Crocus Sativus L.) causada por Rhizoctoni asolani em condições temperadas de ameaça emergente de Caxemira. Journal of Cell and Tissue Research, 16(1), 5529- 5533 35
- Salwee Yasmin e F.A. Nehvi.2018. Estágios de crescimento fenológico do açafrão (Crocus sativus L.) em condições temperadas de Jammu e Caxemira - Índia. Jornal Internacional de Microbiologia Atual e Ciência Aplicada 7(4): 3797-3814
- Tammaro, F. 1990. Crocus sativus L. cv. Piano di Navelli-L'Aquila (zafferano dell'Aquila). Em F.Tammaro e L.Marra (1990) Ambiente, Coltivazione, Caratteristiche Morfometriche, Principi attivi, usi. pp. 4798 (italiano, resumo em inglês).
- Tong, Z., Chao, H., Changping, D.,Yi, Z.,Yue, F., Jiangning, H.W., Limei, Z.,Yao, W , & Guoyin, K.(2019). Primeiro relatório de podridão de corm em açafrão causado por Penicillium solitum na China. Publicação APS. https://doi.org/10.1094/PDIS-09- 19-1927-PDN

CAPÍTULO 13

Produção de material de plantação de qualidade de batata para produção comercial através de cultura de tecidos

K. Hussain1, B. Afrozal, Sumati Narayanl, Sameena Maqbooll, Gazala Nazir1, Ajaz Malikl, Faheema Mushtaq1, Rakshanda Anayat2, Birjees Zehra1, Ummiyah Masoodi1

1Faculdade de Horticultura (FoH), Shalimar, SKUAST-Caxemira 2Faculdade de Agricultura (FoA), Wadura, SKUAST-Caxemira

INTRODUÇÃO

A batata é a quarta cultura alimentar mais importante do mundo, depois do trigo, do arroz e do milho, devido ao seu grande potencial de produção e ao seu elevado valor nutritivo. Em 1845, a Grande Fome provocou a morte de 1 milhão de pessoas e a emigração de 1 milhão. Foi a pior que ocorreu na Europa no século XIX e a cultura da batata falhou em anos sucessivos devido à praga tardia.

A abordagem padrão para a produção de semente de batata não provou ser bem sucedida na prevenção ou minimização do acúmulo de patógenos, resultando em sementes de batata de menor qualidade e menor rendimento das culturas. As plantas que foram limpas através da cultura de meristemas e da indução da tuberização num sistema aeropónico produzem rapidamente tubérculos de batata-semente de alta qualidade e livres de contaminação por agentes patogénicos. A multiplicação aeropónica de tubérculos de semente de batata complementa a cultura de tecidos, uma vez que clona minitubérculos rapidamente e elimina muitas das etapas de trabalho necessárias para a transferência de plântulas da cultura de tecidos para o campo na fase pós-frasco. A cultura aeropónica é uma opção de cultura sem solo que pode adaptar-se eficazmente a partes do mundo onde o solo e a água são escassos. As raízes das plantas são suspensas ao ar livre sob condições reguladas em sistemas aeropónicos, que substituem o solo por espuma produzida artificialmente ou por stents de plástico. Além disso, são utilizados bicos de atomização para dispersar a solução nutritiva. Este método deve ser utilizado após uma avaliação cuidadosa na maioria dos países emergentes, a fim de aumentar a produção de batata.

A nível mundial, os produtores de batata enfrentam dificuldades em dispor de material de plantação de batata de qualidade. Em termos gerais, o material de plantação de batata de qualidade pode ser produzido através de qualquer um dos seguintes métodos:

- Produção tradicional de batata de semente
- Micropropagação, - Hidroponia e - Aeroponia.

As estatísticas relativas à batata no mundo são as seguintes:

Classificação	País	Produção de batata (milhões de toneladas)	Percentagem da produção mundial total de batata
1	China	95.99	25.4%
2	Índia	52,5 (2 milhões de hectares)	12.0%
3	Federação Russa	30.20	8.0%
4	Ucrânia	22.26	5.9%
5	Estados Unidos	19.84	5.2%

6	Alemanha	9.67	-
7	Bangladesh	8.60	-
8	França	6.98	-
9	Países Baixos	6.80	-
10	Polónia	6.33	-

Produção de batata de semente convencional ou tradicional

Os produtores de batata selecionam os melhores tubérculos para semente e descartam os restantes. A batata propagada por via vegetativa inflige a acumulação de agentes patogénicos, conduzindo assim à degeneração. No entanto, este método de produção de sementes provou ser difícil (trabalho em profundidade), vulnerável à infestação de pragas e doenças e demorado. Tendo em conta que as plantas propagadas vegetativamente, nomeadamente as batatas, são vulneráveis a todas as doenças virais e bacterianas, a produção tradicional de batatas de semente favorece a acumulação de doenças, o que reduz significativamente o rendimento das culturas. Durante todo o período de desenvolvimento, os produtores verificam visualmente os campos de sementes quanto a sintomas de doença e removem a flora infetada através do sistema de desbaste. No entanto, a inspeção visível, em especial no que respeita à contaminação número um, não é fiável, consome muito tempo e exige um olho experiente. Inevitavelmente, a qualidade da batata-semente produzida nas gerações seguintes diminui significativamente. A técnica convencional de propagação é uma das estratégias mais lentas de multiplicação de sementes. Em comparação com diferentes estratégias de propagação de sementes, como a micropropagação e a aeroponia, esta abordagem convencional criaria cerca de oito tubérculos-filhas no espaço de um ano. Além disso, esta abordagem demonstrou ser precisa em termos de tempo, especialmente em regiões tropicais e subtropicais onde a batata é uma cultura de clima invernal. Na Caxemira, a cultura é uma cultura de verão ou kharief e, após a colheita em junho, os tubérculos de batata devem ser armazenados durante pelo menos oito meses, quando diversos problemas e distúrbios fisiológicos e doenças pós-colheita afectam as batatas de semente e resultam em perda de biomassa, reservas de armazenamento, encolhimento dos tubérculos, o que os torna não comercializáveis e, portanto, em perdas para os produtores. A brotação durante os 8 meses de armazenamento, que começa após cerca de dois meses de dormência, é um processo ininterrupto que leva à perda de energia e de reservas alimentares vitais. Além disso, vários insectos atacam os tubérculos, como os pulgões. Se os tubérculos forem armazenados em armazéns frigoríficos ou refrigerados, o produtor sofrerá prejuízos, uma vez que 8 meses de armazenagem frigorífica é bastante antieconómico. Se, por vezes, houver falta de energia, mesmo durante alguns dias, os tubérculos tornam-se intumescidos e a água congelada no interior dos tubérculos faz com que apodreçam completamente.

O método convencional de produção de batata-semente, vulgarmente conhecido como "tubérculos de tubérculos", apresenta uma série de vantagens que contribuem para a sua utilização contínua nas práticas agrícolas. Uma das principais vantagens reside na estabilidade genética assegurada pela utilização de tubérculos como material de semente. Este método resulta em descendentes que são essencialmente clones da planta-mãe, promovendo a consistência em caraterísticas desejáveis, tais como rendimento, tamanho e qualidade geral. Esta uniformidade genética pode ser particularmente vantajosa para os agricultores que procuram previsibilidade nos resultados das suas colheitas.

O desempenho no campo é outro benefício fundamental associado à abordagem "Tubérculos de Tubérculos". Os tubérculos produzidos através deste método foram submetidos a um processo de aclimatação natural às condições ambientais locais. Esta aclimatação aumenta a sua adaptabilidade à região específica, influenciando positivamente o seu desempenho quando plantados nos campos locais. A adaptação ao ambiente local contribui para a resistência das batatas-semente contra vários factores de stress, promovendo, em última análise, uma cultura mais robusta e fiável. Uma caraterística notável do método convencional é a sua simplicidade. Ao contrário de algumas técnicas avançadas de produção de sementes que podem exigir equipamento ou tecnologias sofisticadas, o método "Tubers from Tubers" é acessível e direto. Esta simplicidade é uma vantagem significativa, especialmente para os agricultores em ambientes com recursos limitados que podem não ter acesso a tecnologias agrícolas avançadas. A facilidade de implementação também se alinha com as práticas agrícolas tradicionais, tornando-o uma abordagem familiar e manejável para uma vasta gama de comunidades agrícolas.

O investimento inicial mais baixo exigido pelo método convencional aumenta ainda mais o seu atrativo, especialmente para os agricultores de pequena escala. Em comparação com métodos de produção de sementes tecnologicamente mais intensivos, a abordagem "Tubérculos de Tubérculos" é rentável, tornando-a financeiramente viável para agricultores com recursos limitados. Esta vantagem económica contribui para a adoção generalizada do método convencional em vários contextos agrícolas.

A utilização dos conhecimentos tradicionais é um aspeto digno de nota no método convencional de produção de batata-semente. Os agricultores, muitas vezes possuidores de gerações de conhecimentos acumulados, desempenham um papel crucial na seleção dos tubérculos para plantação. A sua familiaridade com os meandros da seleção de tubérculos contribui para o sucesso do método, uma vez que a sua experiência assegura a propagação de caraterísticas desejáveis na cultura.

A facilidade de armazenamento é outra vantagem prática. Os tubérculos são intrinsecamente robustos e podem ser armazenados com relativa facilidade, permitindo períodos de armazenamento alargados. Esta flexibilidade no armazenamento permite aos agricultores plantar as suas culturas nas alturas mais adequadas, de acordo com o seu calendário agrícola específico, contribuindo para uma melhor gestão e planeamento das culturas.

A adaptação local ao longo do tempo é um aspeto fascinante do método convencional. Os tubérculos derivados deste método tendem a adaptar-se às condições locais, demonstrando uma forma de seleção natural na cultura. Esta adaptação pode levar a uma maior resistência contra certas pragas e doenças prevalecentes na região, contribuindo para práticas agrícolas sustentáveis.

Além disso, o método "Tubers from Tubers" envolve frequentemente menos factores de produção sintéticos em comparação com algumas alternativas de alta tecnologia. Esta caraterística resulta num menor impacto ambiental, em linha com a ênfase crescente em práticas agrícolas sustentáveis e amigas do ambiente.

Apesar destas vantagens, é crucial reconhecer os desafios contínuos associados ao método convencional, tais como a suscetibilidade a doenças e taxas de multiplicação mais lentas. Os agricultores devem pesar cuidadosamente estes factores em relação aos benefícios quando decidem sobre os métodos de produção de batata-semente. Dependendo dos objectivos agrícolas específicos, das condições locais e dos recursos disponíveis, os agricultores podem optar pela abordagem convencional ou explorar técnicas mais avançadas para otimizar a produtividade geral e a resistência das culturas.

Micropropagação

A ciência de cultivar células, tecidos ou órgãos vegetais separados da planta-mãe em meios artificiais é conhecida como cultura de tecidos vegetais. Isto é auxiliado pelo uso de tubos ou recipientes esterilizados cheios de meio de crescimento líquido, semi-sólido ou sólido, geralmente meio MS (Murashige & Skoog, 1962). Uma das novas formas mais significativas de multiplicação de plantas acessíveis aos produtores é a cultura de tecidos. A adoção da tecnologia da cultura de tecidos na produção de sementes resultou na rápida produção em massa de plantas de batata. O sistema distingue-se pela sua extrema flexibilidade e rapidez de multiplicação, o que resulta numa elevada taxa de multiplicação. As técnicas modernas de produção de batata de semente baseiam-se na criação de um núcleo de plantas isentas de doenças, nomeadamente de vírus, e na sua reprodução in vitro. Após numerosas subculturas in vitro, são formadas sementes pré-básicas, que são depois transferidas para condições semi-in vivo (estufas) para o desenvolvimento de minitubérculos. A produção de minitubérculos em estufa é uma fase intermédia entre a multiplicação in vitro e o cultivo em campo aberto. As casas de vegetação são utilizadas para plantar as sementes geradas pelos minitubérculos. A fonte de material vegetal deve estar isenta de vírus. Após a realização de testes serológicos para garantir plantas-mãe isentas de vírus, os explantes podem ser utilizados para cultivar microplantas que podem ser plantadas com sucesso no sistema aeropónico. Consequentemente, a manipulação da nutrição na estufa após a fase in vitro pode aumentar o rendimento e as caraterísticas dos minitubérculos.

Uma das aplicações mais importantes da cultura de tecidos vegetais para erradicar os vírus dos materiais de plantação é a cultura de meristemas (Badoni e Chauhan, 2010). Trata-se de um método em que as pontas de crescimento apicais/axilares (0,1 a 0,3 mm) são dissecadas e deixadas a desenvolver-se em plântulas em condições controladas num meio nutritivo artificial. Esta abordagem de erradicação de vírus baseia-se na ideia de que muitos vírus são incapazes de infetar os meristemas apicais/axilares de uma planta em desenvolvimento e que, se uma pequena porção de tecido meristemático for propagada, pode ser gerada uma planta sem vírus. O meristema apical tem uma série de caraterísticas únicas que tornaram possível a eliminação de vírus e algumas das caraterísticas incluem

1) O sistema vascular através do qual os vírus se propagam não está desenvolvido na

região meristemática,
2) A multiplicação dos cromossomas durante a mitose e o elevado teor de auxinas no meristema inibem a multiplicação do vírus através da interferência no metabolismo dos ácidos nucleicos virais e
3) Existência de um sistema de inativação do vírus com maior atividade na região apical do que noutros locais.

A preservação da identidade do genótipo é outra vantagem da cultura de meristemas, uma vez que as células meristemáticas mantêm a sua estabilidade genética de forma mais consistente. Depois de os agentes patogénicos terem sido removidos, os materiais podem ser replicados em massa para serem utilizados como materiais de plantação. A época do ano ou o clima têm pouca influência na cultura de tecidos. As plantas saudáveis podem ser cultivadas num laboratório em qualquer altura do ano. Além disso, as condições laboratoriais são perfeitas e, por conseguinte, adequadas à programação da produção durante todo o ano. Além disso, poupa muito do tempo e do esforço que as estacas e as plântulas tradicionais exigem diariamente.

A cultura de tecidos é também utilizada na hibridação somática, na indução e seleção de mutantes e na biossíntese de produtos secundários. A cultura de tecidos, por si só, mudou a produção de batata-semente em vários países, incluindo o Vietname. Esta técnica é agora bem compreendida e tem sido utilizada com sucesso na micropropagação de uma variedade de espécies de plantas numa série de países. No caso da batata, no entanto, os tubérculos de semente são o material de plantação ideal, pelo que a utilização apenas da cultura de tecidos vegetais para a multiplicação de batata de semente tem sido limitada. A maioria das nações empobrecidas não consegue utilizar plenamente a tecnologia de cultura de tecidos devido às elevadas despesas operacionais envolvidas, uma vez que necessita de equipamento especializado que é difícil de obter. Para além disso, os muitos nutrientes, fontes de energia, vitaminas e reguladores de crescimento necessários na composição dos meios de cultura são todos bastante dispendiosos. Os procedimentos de cultura de tecidos requerem competências e informações especializadas que só podem ser adquiridas através de formação profissional.

Durante as duas últimas décadas, a maioria das instalações de cultura de tecidos vegetais criadas nos institutos nacionais de investigação agrícola (NAR) e nas universidades não foram adequadamente exploradas para além dos estudos de graduação e pós-graduação. Dado que a maioria dos agricultores envolvidos na produção de sementes de batata são analfabetos e a maioria dos países não tem a capacidade de realizar tais formações especializadas, a falta de empreendimento na micropropagação comercial de culturas importantes contribuiu provavelmente para a baixa adoção da tecnologia nos países em desenvolvimento. Quando se utiliza material cultivado no campo, uma esterilização insuficiente pode resultar numa contaminação a 100%. A capacidade de mover plantas de um ambiente esterilizado para um não esterilizado é fundamental para o sucesso de qualquer propagação de cultura de tecidos.

Esta etapa deve ser concluída com boas taxas de sobrevivência a um custo razoável para que a cultura de tecidos seja aceite comercialmente. Estes métodos de redução da contaminação na cultura de tecidos têm-se revelado morosos, trabalhosos e, por conseguinte, muito dispendiosos. As plantas de cultura de tecidos crescem em condições de elevada humidade em tubos de cultura e têm uma fina cobertura de cera na sua superfície. A cera tem um papel essencial na prevenção da perda excessiva de água e, até certo ponto, do ataque de doenças. Consequentemente, as plantas cultivadas em cultura de tecidos são mais susceptíveis ao choque de transporte, à murchidão e ao ataque de insectos e doenças quando chegam ao campo. Por conseguinte, antes da produção de materiais de plantação e antes de serem plantadas no campo, as plântulas micropropagadas necessitam sempre de um período de endurecimento. A cultura de tecidos vegetais como método típico de produção de sementes de batata seria dispendiosa, mas estas abordagens podem ser utilizadas para erradicar os agentes patogénicos, desenvolver material de base e, em seguida, empregar um sistema mais eficiente e menos dispendioso para produzir rapidamente tubérculos de sementes de alta qualidade para produção comercial.

Hidroponia

O termo "hidroponia" vem da palavra grega "hydro" que significa água e "ponos" que significa trabalho. A produção de culturas hidropónicas é definida pela propagação de plantas em soluções de água e nutrientes, que podem ser instaladas com ou sem um meio de crescimento para oferecer apoio mecânico ao sistema radicular da planta. Os suportes vegetais naturais ou manufacturados, tais como carvão vegetal, lã de rocha, grânulos de argila, musgo de turfa, seixos ou vasos, serradura e cascas de coco são por vezes utilizados para dar apoio físico. Os sistemas hidropónicos são atualmente utilizados no ensino, na investigação, na jardinagem doméstica e na produção de legumes (tomates, batatas, espinafres e alface), frutos (morangos e pepinos) e flores.

O aparecimento de sistemas hidropónicos em grande escala para a produção comercial de minitubérculos proporcionou uma forma alternativa de investigar a fisiologia da batata em toda a planta. Os sistemas hidropónicos simplificam a recolha de amostras para investigação fisiológica e anatómica, tornando-os excelentes para investigar a iniciação do tubérculo ao nível de toda a planta e órgão (Jesse et al., 2019). Com a introdução de novos materiais e equipamentos, uma variedade de sistemas hidropónicos está agora acessível. A maioria dos sistemas hidropónicos, por outro lado, é automatizada, com fertilizantes regulados, horários de iluminação e quantidades de água com base nas exigências das plantas. No entanto, utilizando a técnica NFI' de hidroponia, Wheeler et al. (1990) relataram lesões no tecido da periderme causadas pela acumulação de sal da solução nutritiva na superfície do tubérculo de batata, e Tibbitts e Cao (1994) descobriram que a iniciação do tubérculo era mais fraca em solução nutritiva sem meios sólidos do que em meios porosos do sistema de hidroponia. Os órgãos subterrâneos são mantidos num compartimento escuro e alimentados com uma solução nutritiva através de um sistema de nebulização. Quando comparada com a hidroponia tradicional, a aeroponia melhora o arejamento das raízes, que é um elemento crucial para aumentar a produtividade. Outros benefícios incluem a recirculação da solução, uma pequena quantidade de água utilizada e uma monitorização precisa dos nutrientes e do pH. O aspeto mais inconveniente é o pequeno volume de água acessível ao sistema radicular, e qualquer falha de energia nas bombas pode resultar em danos permanentes. Apesar destes problemas, este método tem sido utilizado com sucesso para produzir uma variedade de espécies hortícolas e ornamentais.

Aeroponia

A aeroponia é o processo de cultivo de plantas num ambiente de ar ou névoa sem a utilização de solo ou de um meio agregado. A palavra aeropónica deriva dos significados latinos de "aero" (ar) e "ponic" (trabalho). Trata-se de um método alternativo de cultura sem solo em ambientes de crescimento controlado. Um sistema aeropónico é uma forma de cultivo de culturas através da suspensão das suas raízes num meio nutritivo nebulizado. A aeroponia é um método sem solo para o cultivo de plântulas de batata pré-básica. O processo pode gerar maiores rendimentos (até dez vezes mais), mais rapidamente e por menos dinheiro do que os procedimentos tradicionais. A produtividade média da batata a nível mundial é de 17,4 t ha - enquanto que uma média de 44,2 t ha - é a produtividade registada nos Estados Unidos. Mesmo para as mesmas cultivares de batata, há uma diferença significativa nos rendimentos entre os países. Dependendo dos tipos de culturas, da idade e qualidade das sementes, dos procedimentos de gestão das culturas e do ambiente das plantas, a diferença de rendimento entre as explorações agrícolas das economias desenvolvidas e em desenvolvimento implica uma perda de mais de 400 milhões de toneladas de produção de batata. A melhoria de um ou mais destes factores de rendimento, bem como a redução da diferença de rendimento, pode ajudar o abastecimento alimentar e os rendimentos dos agricultores dos países em desenvolvimento. Como alternativa à utilização de plantas cultivadas no campo, foram desenvolvidas muitas abordagens para o estudo da fisiologia da tuberização. Estas abordagens incluem o método de separação por zonas, estacas, cultura in vitro, cultura em solução, hidroponia e aeroponia. A agricultura de campo, por outro lado, está associada a riscos e incertezas consideráveis em condições críticas e não biológicas, tais como ventos fortes, inundações, secas e infestações de insectos, porque necessita de uma maior área para a produção de culturas. Esta abordagem produz, em média, 5 a 10 minitubérculos por planta. Na abordagem tradicional, é utilizado um substrato estéril composto por solo e uma combinação de diferentes componentes. Quando comparada com as técnicas tradicionais ou com os sistemas alternativos de hidroponia sem solo, a aeroponia tem o potencial de aumentar a produtividade e reduzir as despesas (crescimento em água). A aeroponia utiliza o espaço vertical da estufa e o equilíbrio entre o ar e a humidade para maximizar o crescimento das raízes, tubérculos e folhas. As plantas de batata cultivadas num método aeropónico são consideradas seguras e amigas do ambiente para criar plantas e culturas naturais e saudáveis. A multiplicação aeropónica da batata-semente apresenta vantagens em relação a outros métodos ou técnicas de produção de batata-semente, como a produção tradicional de batata-semente, a hidroponia e as técnicas de cultura de tecidos vegetais.

Segundo os relatórios, a tecnologia é 10 vezes mais eficaz do que os processos tradicionais, como a cultura de tecidos e a hidroponia, que são mais demorados e requerem mais mão de obra. A tecnologia é capaz de conservar tanto a água como a eletricidade. Uma vez que a solução nutritiva é recirculada num sistema aeropónico, é consumida apenas uma pequena quantidade de água. Em comparação, requer menos água e energia por unidade de área de cultivo.

De acordo com os estudos, a produção média de tubérculos em aeroponia é superior à obtida quando o mesmo material é deixado a gerar tubérculos utilizando métodos tradicionais. Estes resultados demonstram que um sistema aeropónico pode ser utilizado eficientemente para o crescimento da batata. O arejamento das raízes no sistema aeropónico é optimizado. Isto porque a planta está suspensa no ar, permitindo que o caule e o sistema radicular da planta absorvam 100% do oxigénio disponível no ar, promovendo o desenvolvimento radicular. Como as plantas num ambiente aeropónico têm acesso total a concentrações de dióxido de carbono que variam entre 450 e 780 ppm para a fotossíntese, crescem mais rapidamente e absorvem mais nutrientes do que as plantas num ambiente hidropónico normal (Ritter *et al.*, 2001). A condutância estomática das folhas, a concentração intercelular de C02, a taxa fotossintética líquida e a eficiência fotoquímica melhoraram com o sistema aeropónico.

O método de propagação aeropónico é uma das formas mais rápidas de multiplicação de sementes. Em contraste com os métodos convencionais, que produzem cerca de 8 tubérculos filhos ao longo de um ano, e apenas 5 a 6 tubérculos por planta usando o solo na estufa, em 90 dias, uma única planta de batata pode produzir mais de 100 minitubérculos numa única linha (Otazu, 2008).(Figura 2). Outra vantagem de um sistema aeropónico é a facilidade com que os nutrientes e o pH podem ser monitorizados. As necessidades nutricionais específicas da cultura são satisfeitas através de um sistema aeropónico.

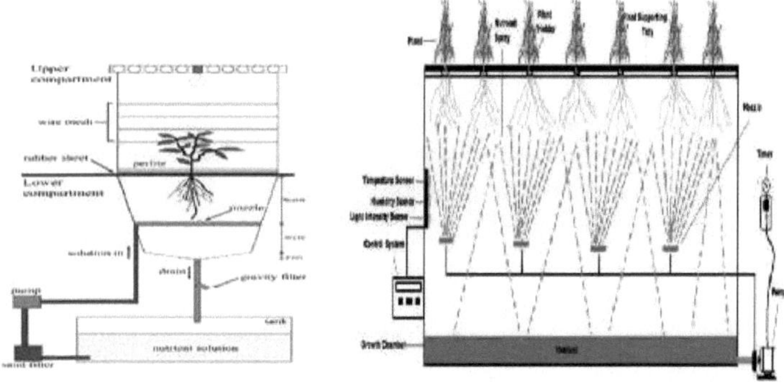

Figure 1 **Figure 2.**

Figura 1 Esquema de um dos espaços de cultura gémeos do rizotrão utilizado para a cultura da batata com sistema aeropónico

Figura 2: Diagrama esquemático de um sistema aeropónico com controlo automático

Solução nutritiva

Os produtos químicos necessários para a cultura aeropónica da batata são solúveis na água. Para além disso

O nitrato de cálcio tetra-hidratado, o sulfato de magnésio hepta-hidratado, o sal dissódico desidratado EDTA e o sulfato de ferro (II) hepta-hidratado, todos os outros produtos químicos devem ser dissolvidos conjuntamente num recipiente e vertidos no tanque de alimentação. Cada um dos quatro produtos químicos acima referidos deve, no entanto, ser dissolvido separadamente e depois vertido no reservatório de alimentação. As quantidades dos compostos químicos utilizados para preparar uma solução nutritiva de 1000 litros são indicadas no quadro I (A,B).

A solução nutritiva é descrita da seguinte forma:

A. Macronutrientes

SN	Composto químico	Taxa (gper1000 litros)	Observações
1.	**Nitrato de amónio (NH4NO3)**	**200**	
2.	**Di-hidrogenofosfato de potássio (KH2PO4)**	**245**	
3.	**Potássio Nitrato (KNO3)**	**1790**	
4.	**Cloreto de sódio (NaCl)**	**76**	
5.	**Nitrato de cálcio tetra-hidratado Ca(NO3)24H2O**	**378**	**Deve ser dissolvido separadamente**
6.	**Sulfato de magnésio hepta-hidratado (MgSO47H2O)**	**345**	

B. Micronutrientes

SN	Composto químico	Taxa (gper1000 litros)	Observações
1.	**Sal dissódico desidratado de EDTA (Na2EDTA2H2O)**	**33.5**	**Deve ser dissolvido separadamente para evitar reacções**
2.	**Sulfato de ferro (II) hepta-hidratado (FeSO47H2O)**	**25.0**	
3.	**Enxofre mono-hidratado de manganês (II) (MnSO47H2O)**	**1.0**	
4.	**Boricácido (H3BO3)**	**1.5**	
5.	**Sulfato de zinco hepta-hidratado (ZnSO47H2O)**	**2.3**	
6.	**Sulfato de cobre (CuSO45H2O)**	**0.75**	
7.	**Molibdato de sódio di-hidratado (Na2MoO4H2O)**	**0.025**	
8.	**Cobalto (II) Hexaydrato de cloreto (CoCl26H2O)**	**0.025**	

Como o contacto planta-planta é mínimo na aeroponia, a atmosfera é livre de pragas e doenças, e as plantas desenvolvem-se mais saudável e rapidamente do que as plantas cultivadas num meio. Além disso, se uma planta não estiver saudável, é imediatamente removida do sistema de suporte de plantas sem causar qualquer perturbação ou infeção às outras plantas. Como consequência, podem ser cultivadas muitas mais plantas a densidades mais elevadas (plantas por unidade de espaço) do que com os métodos tradicionais de crescimento como a hidroponia e o solo. A tecnologia leva menos tempo a clonar plantas e elimina uma série de procedimentos de trabalho intensivo envolvidos nas técnicas existentes, como a cultura de tecidos. Além disso, as plantas enraizadas no ar podem ser clonadas e transplantadas diretamente para o campo sem o risco de murchar e perder folhas devido ao choque do transplante. A produção local de tubérculos-semente de minitubérculos de batata pré-básica a partir de cultura de tecidos pode reduzir os elevados custos de material de plantação de qualidade. A utilização de culturas sem solo constitui uma vantagem para a produção de batata-semente pré-básica, uma vez que evita as doenças que nascem no solo.

Potenciais desafios do sistema aeropónico

-O fator mais inconveniente é o tamanho das gotas de água. As gotas grandes privam o sistema radicular de oxigénio, enquanto as gotas pequenas geram pêlos radiculares abundantes sem criar um sistema radicular lateral para um desenvolvimento a longo

prazo.
J O sistema também requer eletricidade contínua durante a estação de crescimento, e qualquer interrupção prolongada das bombas de água pode resultar em danos permanentes nas plantas.
J O sistema necessita de muitos procedimentos de manutenção, que podem ser incrivelmente caros em países subdesenvolvidos. A mineralização dos transdutores ultra-sónicos, por exemplo, requer manutenção e pode levar à falha de componentes. Isto pode também resultar na avaria dos jactos de pulverização e dos pulverizadores metálicos, impedindo o acesso da planta à água e provocando o seu murchamento.
-Os responsáveis pela produção de batata de semente devem estar habilitados para o efeito.

Conclusão

A combinação de um sistema aeropónico com a cultura de tecidos vegetais tem o potencial de revolucionar a produção de batata-semente em países pobres. Tendo em conta os potenciais benefícios do sistema, tais como a rápida produção de sementes, um bom sistema de monitorização de nutrientes, melhores taxas de crescimento e sobrevivência das plântulas, circulação de ar constante e respeito pelo ambiente, este sistema tem o potencial de revolucionar a indústria de produção de batata-semente nos países em desenvolvimento. Este sistema tem o potencial de aumentar significativamente o rendimento e reduzir o tempo e o custo de produção de batata-semente de qualidade, tornando-a mais acessível aos produtores dos países em desenvolvimento.

Referências selecionadas

- Badoni A, Chauhan JS 2010. Métodos convencionais vis-à-vis biotecnológicos de propagação da batata: A Review. Stem Cell. I: 1-6
- Jesse, S., Zhang, Y., Margenot, A.J., e Davidson, P.C. 2019. Produção de alface hidropônica usando água residual pós-hidrotermal de liquefação tratada (PHW). Sustainability11:3605. doi: 10.3390/su11133605.
- Murashige, T. e F. Skoog 1962. Um meio revisto para crescimento rápido e bioensaios com culturas de tecidos de tabaco. Physiol. Plant. , 15:473-479.
- Otazu V 2008. Centro Internacional da Batata. Qualidade Seed PotatoProduction usando Aeoponics. manual de produção de batata. LimaPeru.
- Otazu, V. 2010. *Manual sobre a produção de batata-semente de qualidade utilizando a aeroponia.* Centro Internacional da Batata (CIP), Lima, Peru. 44 p.
- Ritter E, B Angulo, P Riga, C Herran, J Relloso, e M San Josd. 2001. Comparação de sistemas de cultivo hidropónico e aeropónico para a produção de minitubérculos de batata. Potato Res 44:127-135.
- Tibbitts T W, e W Cao. 1994. Matriz sólida e procedimentos de cultura líquida para o crescimento de batatas. Adv Space Res 14:427-433
- Tibbitts, T.W., e Cao, W. 1994. Matriz sólida e procedimentos de cultura líquida para o crescimento de batatas. Adv Space Res 14:427-433
- Wheeler, R.M., Mackowiak, c.L. sager, J.C. Knott, w.M. e Hinkle, C.R. 1990.Potato growthand yield using nutrient film technique (NFT). Am Potato J 67:177-187.

CAPÍTULO 14

Estratégias de marketing para realizar o potencial económico das empresas de produtos hortícolas

Sajad A. Saraf & Farheen Naqash

Divisão de Economia Agrícola e Estatística, FoA, SKUAST-K, Wadura

INTRODUÇÃO

A produção de qualquer produto agrícola só fica concluída quando chega ao consumidor final. Por conseguinte, o processo de comercialização tem sido considerado como parte integrante da atividade de produção. Diz-se que o agricultor indiano é um bom produtor, mas um mau comerciante. Devido às peculiaridades dos produtos agrícolas, é importante estudar as várias funções de mercado envolvidas na comercialização de produtos hortícolas. Os decisores políticos argumentam que, para reavivar a economia agrária, é necessário passar das culturas tradicionais, como o trigo e o arroz, orientadas para a oferta, para as culturas hortícolas orientadas para a procura. Estas culturas hortícolas não só proporcionam oportunidades de emprego adicionais, como também um fluxo regular de rendimentos. Além disso, estas culturas têm também um enorme potencial de exportação. A Índia é o 2nd maior produtor de frutas e legumes (F&Vs) a seguir à China (GoI, 2017).

No entanto, os produtos hortícolas são susceptíveis a riscos de produção e de preço e a falta de medidas de atenuação dos riscos, como os seguros de colheitas e as situações de mercado incertas, agravam ainda mais esses riscos. A comercialização tradicional de frutas e produtos hortícolas é um fenómeno bastante complexo e arriscado, uma vez que os custos de transação são elevados devido aos pequenos excedentes comercializáveis, à falta de transparência da política de preços, à falta de infra-estruturas de calibragem, à indisponibilidade de uma cadeia de frio, à falta de ligações no canal de comercialização e à escassez e fragmentação dos mercados, em comparação com os cereais.

A produção de produtos hortícolas desempenha um papel fundamental na agricultura, proporcionando segurança alimentar, nutricional e económica à população, com rendimentos mais elevados por unidade de superfície para os produtores. A cadeia de intermediários na comercialização de frutas e produtos hortícolas é longa e permite que o agricultor receba uma fração muito pequena de cada rupia de lucro. Além disso, os preços mínimos de apoio (PMS) e os mercados regulamentados para o arroz e o trigo constituem um importante fator de dissuasão para que os agricultores passem das culturas tradicionais de cereais para culturas de elevado valor. Assim, os agricultores só mudam o seu padrão de cultivo a favor das culturas de elevado valor se tiverem um preço e um mercado garantidos para os seus produtos. Tendo em conta estes problemas nos mercados tradicionais de frutas e produtos hortícolas, foi distribuído pela primeira vez aos Estados, em 2003, um modelo de lei do Agricultural Produce Market Committee (APMC) para a celebração de contratos de agricultura.

O potencial de contribuição dos produtos hortícolas para a economia nacional tem sido bem reconhecido nos últimos anos. A Índia é o segundo maior produtor de produtos hortícolas do mundo, logo a seguir à China, com uma produção de 40 milhões de toneladas em quatro milhões de hectares de terra. Apesar disso, esse nível aparentemente alto de produção pode fornecer apenas 208 gramas de hortaliças per capita, contra a ingestão dietética sugerida de 275g e 250 g per capita por dia para homens e mulheres adultos, respetivamente, que realizam trabalho moderado (Swaminathan, 2002).

Na Índia, os produtos hortícolas têm um enorme potencial de criação de emprego e de segurança nutricional, uma vez que a nossa biodiversidade de produtos hortícolas é muito vasta e favorável. Por ser sazonal, a produção de hortaliças na Índia é altamente localizada em regiões agroclimáticas favorecidas e foi identificada como a opção mais viável para substituir a agricultura de subsistência, particularmente nas colinas (Kumar *et al.*, 2004). As colinas indianas são dotadas de variabilidade interna e multiplicidade de agro-sistemas altamente localizados e complexos, adequados para o cultivo de várias culturas hortícolas importantes. O nicho natural e outras condições favoráveis de Jammu e Caxemira proporcionam um vasto potencial de produção de produtos hortícolas, tanto na época normal como na época baixa, e podem tornar os produtos regularmente disponíveis para as planícies vizinhas. A Caxemira registou um progresso louvável na produção de produtos hortícolas, que passou de cerca de 2 lakh MT (1980-81) para mais de 5 lakh MT (2005-06). Durante este período, a área e a produtividade dos produtos hortícolas também registaram um aumento significativo de cerca de 137% e 11%, respetivamente. Climaticamente diferente, o vale tem a distinção única de disponibilizar produtos hortícolas a outros estados. Uma vez que a produção está a aumentar rapidamente na Caxemira, esta exporta agora legumes para outros estados durante o verão. Este cenário indica que o cultivo de produtos hortícolas tem um potencial considerável para melhorar o estatuto económico dos agricultores em

Caxemira. O Vale produz legumes no valor de 1200 crores por ano (201819), dos quais 600 crores são exportados para outros estados.

Os agricultores atingiram um potencial de rendimento razoável na produção de legumes e agora é necessário mudar para legumes exóticos e de elevado valor, como brócolos, salsa e outras variedades, para obter mais lucro. A ênfase deve ser colocada na comercialização adequada dos legumes, constituindo diferentes grupos e sociedades e marcando os produtos, rotulando e embalando de forma atractiva. Os mercados locais de hortaliças são escassos e o comércio em mercados distantes não é remunerador devido aos custos mais altos de transporte (Kumar *et al.*, 2004). Os preços das hortaliças flutuam com freqüência e muitas vezes caem drasticamente durante a colheita. Por este motivo, tem havido uma preocupação com a eficiência da comercialização de produtos hortícolas e com a melhoria da quota-parte do produtor na rupia do consumidor.

O ambiente comercial está a mudar em todo o mundo, o que oferece oportunidades para o comércio internacional. O Governo da Índia tomou várias iniciativas para tornar o sistema de comercialização mais reativo, propício à participação de intervenientes de diferentes sectores e rico em infra-estruturas, mas ainda há muitos problemas com que os agricultores e outras partes interessadas se deparam quando levam os produtos agrícolas para o mercado. Alguns deles são os seguintes

- Transporte **inadequado -** O transporte desempenha um papel importante na distribuição dos produtos agrícolas, ajuda a criar mercado para os produtos agrícolas e reduz a deterioração e o desperdício dos produtos agrícolas. O desperdício de produtos agrícolas aumenta devido à inadequação dos meios de transporte. O Governo introduziu aplicações como Kissan Rath para melhorar a disponibilidade de meios de transporte nas zonas rurais.

- **Falta de informação sobre o mercado -** A agricultura tornou-se uma atividade de informação intensiva. Os agricultores precisam de informação para tomar decisões em cada fase da produção e da comercialização. Os agricultores têm acesso limitado a informações relacionadas com o mercado, como o preço e a chegada dos produtos agrícolas do seu interesse. O acesso à informação sobre os preços de mercado é essencial para desenvolver uma estratégia que facilite a obtenção de melhores preços para os seus produtos. Embora existam muitas iniciativas nos sectores público e privado, como a Agmarknet, a IFFCO Kisan Sanchar, etc., ainda é um desafio fornecer informações a todos os agricultores de uma forma convivial.
- **Falta de crédito -** Os agricultores, devido à sua necessidade de dinheiro, são obrigados a efetuar vendas de emergência. Muitas vezes, a adoção de tecnologias é também influenciada pela disponibilidade de fundos. É necessário que os agricultores estejam ligados ao crédito institucional. No passado recente, o governo introduziu várias medidas, como a NWR e a eNWR, para promover o financiamento de penhoras, de modo a que os agricultores não sejam obrigados a vender os seus produtos imediatamente após a colheita a baixo preço. É necessário sensibilizar os agricultores e outras partes interessadas para esta questão.
- **Cadeia longa de intermediários -** A parte dos agricultores na rupia do consumidor é baixa devido à presença de demasiados intermediários na cadeia de abastecimento. A presença de uma longa cadeia de intermediários conduz à ineficácia do sistema e a preços desfavoráveis em ambas as extremidades, ou seja, no produtor e no consumidor.
- **Falta de instalações de armazenamento adequadas -** A falta de armazenamento científico levará a perdas pós-colheita e obrigará o produtor a vender o produto a baixo preço, uma vez que o produto não pode ser retido em segurança até à disponibilidade de um preço favorável no mercado. Cerca de 20-30% dos ganhos são perdidos devido a roedores/insectos. A falta de instalações de armazenagem adequadas leva a um aumento das vendas de emergência de produtos agrícolas. No passado recente, o governo tomou várias iniciativas para promover o recibo de armazém negociável, o eNWR, o financiamento de penhor e os armazéns que funcionam como pátios de mercado. O conceito de armazenagem está integrado em mercados como o eNAM. No entanto, é necessário sensibilizar os agricultores para aproveitarem os benefícios e as outras partes interessadas para facilitar a adoção destas mudanças.
- **Falta de sensibilização para a normalização e a classificação -** A ausência de comércio com base na classificação e na normalização pode ser amplamente observada no sistema de comercialização agrícola indiano. Este facto dificulta a fixação do preço dos produtos agrícolas. Devido à falta de normalização e de classificação adequadas, os clientes têm dificuldade em adquirir produtos de qualidade e os agricultores também são afectados pela variabilidade dos preços.

• **Disponibilidade de maquinaria e mão de obra -** A migração de mão de obra agrícola é muito comum entre os Estados para a realização de diferentes actividades relacionadas com a agricultura, desde a sementeira à colheita, durante um ano normal. A disponibilidade de mão de obra/maquinaria e a sua circulação foram afectadas durante a CO VID-19 devido ao confinamento e a várias outras restrições.

• **Manter o distanciamento social e a higiene nos mercados** - Os mercados agrícolas estão geralmente cheios de gente, onde as partes interessadas, como os agricultores, os trabalhadores, os transportadores, os pesadores, os comerciantes e os comissionistas, os visitam regularmente. O funcionamento destes mercados durante o período pandémico foi um grande desafio, pois foi necessário seguir as normas necessárias, como manter o distanciamento social e uma higiene adequada durante as operações de comercialização. É necessário sensibilizar todas as partes interessadas para manter as normas de segurança.

• **Dimensão média das explorações** agrícolas - Mais de 85% dos agricultores têm explorações agrícolas pequenas e marginais. A pequena dimensão das explorações operacionais conduz a um baixo excedente comercial disponível para os agricultores e também não é possível obter uma economia de escala.

Os decisores políticos aperceberam-se da necessidade de criar mercados separados para os produtos perecíveis. Neste contexto, as disposições institucionais alternativas, como a "agricultura sob contrato", desempenham um papel vital na minimização dos condicionalismos da produção e do mercado através da prestação de assistência financeira e técnica, juntamente com factores de produção de qualidade associados a culturas de elevado valor.

Conceito de agricultura sob contrato

A agricultura sob contrato é um acordo entre agricultores e empresas de transformação e/ou comercialização ou de exportação de produtos agrícolas, para a produção e comercialização de produtos agrícolas com base num acordo prévio, cuja essência é a compra atempada da quantidade e qualidade pré-determinadas ao agricultor a um preço pré-determinado (Eaton & Shepherd, 2001). Os termos do contrato variam de cultura para cultura e de região para região. Especifica a quantidade a adquirir, o preço, os factores de produção, a orientação técnica e a facilidade de crédito para o agricultor. Também pode ser descrito como um meio-termo entre a produção agrícola independente e a agricultura empresarial (Singh, 2005). No âmbito da agricultura sob contrato, o comprador tem um controlo substancial sobre a produção de matérias-primas sem qualquer propriedade fundiária. Nos acordos contratuais, existe uma ligação organizada entre os mercados de produtos e de factores, uma vez que as empresas contratantes exigem uma qualidade definida do produto e, para tal, são necessários factores de produção específicos.

Fundamentação da agricultura sob contrato

A necessidade de práticas emergentes de comercialização agrícola, tais como a agricultura sob contrato, tem o seu início no desequilíbrio entre a procura e a oferta que a agricultura enfrenta, em que os agricultores têm de se desfazer dos seus produtos por falta de compradores, por um lado, e as indústrias de base agrícola enfrentam dificuldades na aquisição de matérias-primas de qualidade, por outro. Além disso, as empresas do sector agroalimentar na Índia não podem possuir e cultivar terras para satisfazer as suas necessidades de matérias-primas devido à lei que limita a propriedade das terras (Singh, 2005). Assim, as empresas agro-industriais só têm a opção de adquirir as suas matérias-primas específicas em termos de qualidade e quantidade aos agricultores através da agricultura sob contrato. Assim, a agricultura sob contrato é uma saída para satisfazer as exigências tanto dos agricultores como das empresas. A prevalência da agricultura sob contrato está associada aos factores de maximização dos lucros e de redução dos custos na economia agrária profundamente penetrada.

Prática da agricultura sob contrato

Devido à natureza diversa da agricultura sob contrato, é possível obter resultados diferentes mesmo quando as culturas objeto do contrato são as mesmas e as condições de contratação são semelhantes. Os agricultores e as empresas do sector agroindustrial têm à sua disposição diferentes modelos de contratos, em função do número de partes envolvidas, da partilha dos riscos, da especificação das condições contratuais, etc. (Singh, 2007). A agricultura sob contrato segue geralmente um dos cinco modelos gerais, consoante o produto, os recursos do promotor e a intensidade da relação entre os agricultores e o promotor (Eaton & Shepherd, 2001).

i. **Modelo centralizado:** É frequentemente chamado de esquema de produção sob contrato. Trata-se de um modelo coordenado verticalmente, em que os patrocinadores compram a colheita a um grande número de pequenos agricultores e comercializam o produto após a sua transformação ou embalagem.

ii. **Modelo de propriedade de núcleo:** Este modelo é uma variante do modelo centralizado em que o patrocinador também gere a plantação. Estabelece-se um núcleo de propriedade e uma empresa e os agricultores da área circundante cultivam numa parte da sua própria terra que vendem à empresa para processamento. O modelo de propriedade central é frequentemente utilizado na Indonésia e na Papua Nova Guiné para o óleo de palma e outras culturas (Singh, 2007).

iii. **Modelo multipartido:** Neste modelo, os órgãos estatutários e as empresas privadas participam conjuntamente com os agricultores. Este tipo de modelo pode ter organizações separadas para a responsabilidade da concessão de crédito, produção, transformação e comercialização.

iv. **Modelo informal:** O modelo inclui contratos simples e informais entre empresários individuais ou pequenas empresas numa base sazonal, especialmente para os produtos frescos.

v. **Modelo intermediário:** Existem colectores individuais ou comités de agricultores entre os agricultores e as empresas. Neste tipo de modelo, não existe uma ligação direta entre o patrocinador e o agricultor.

AVALIAÇÃO DA PROCURA NO MERCADO

Os produtores de maior dimensão, nomeadamente os situados nas principais zonas de produção, podem optar por uma das duas alternativas tradicionais de comercialização: a comercialização por grosso de produtos frescos ou a transformação. Os pequenos produtores que não têm acesso a estas vias de comercialização terão de adotar uma abordagem direta ao consumidor. Para tal, é necessário um estudo aprofundado do

mercado e do comportamento dos clientes antes de planear a produção agrícola. Alguns agricultores obtêm lucros plantando primeiro e procurando depois um mercado, mas isto é extremamente arriscado para os produtores de frutas e legumes. Há muito mais fracassos do que histórias de sucesso nesta situação. Para um novo agricultor, ou para um agricultor já estabelecido que pretenda produzir um novo produto, deve primeiro tentar avaliar a procura do mercado para o produto e depois decidir qual o canal ou canais de comercialização direta que melhor satisfazem as necessidades dos consumidores. As estimativas de rendibilidade devem incluir os custos do canal de comercialização, bem como os custos de produção.
Se forem colocados mais produtos no mercado, e se os produtos não forem de qualidade diferente ou não satisfizerem alguma outra "necessidade não satisfeita" pela qual os consumidores estejam dispostos a pagar um preço mais elevado, então é provável que os preços desçam dos níveis actuais. O preço previsto é um elemento de informação vital para efeitos de planeamento. Não existe uma forma simples e fiável de prever os preços do mercado local, mas essa informação é muito importante para os produtores. Apresentar um novo produto aos consumidores e levá-los a comprá-lo é difícil porque a maioria não estará familiarizada com ele ou com as suas utilizações potenciais. No entanto, é mais provável que cresça lentamente, o que pode resultar em desperdício de produto durante os primeiros anos. Nos últimos anos, os comerciantes diretos manifestaram a sua preocupação com o aumento do número de concorrentes e com a possibilidade de lucros/perdas nas operações existentes.

A QUALIDADE É A CHAVE PARA O SUCESSO DO MARKETING

Preço e qualidade são sinónimos na produção de frutas e legumes. No entanto, nem sempre é fácil saber o que se entende por "alta qualidade" e o "juízo de qualidade" varia frequentemente. Os compradores/consumidores, no entanto, têm frequentemente critérios adicionais para avaliar a qualidade dos produtos, incluindo o sabor, a maturação, o odor, a limpeza e a presença de insectos e matérias estranhas. A gestão adequada das doenças, as práticas de colheita e o manuseamento pós-colheita são fundamentais para o sucesso da comercialização. A seleção e a lavagem de algumas frutas e legumes também podem ser feitas para ajudar a manter a qualidade e melhorar o aspeto. As Boas Práticas Agrícolas (BPA) e as Boas Práticas de Manuseamento (BPM) são programas voluntários. A ideia subjacente a estes programas é garantir um sistema alimentar mais seguro, à luz de anteriores surtos de doenças de origem alimentar resultantes de produtos contaminados. Várias das principais cadeias de distribuição alimentar são obrigadas a ter produtos certificados pelas BPA e BPH dos seus produtores.
Os principais intervenientes na cadeia de actividades que ligam a alimentação e a agricultura são os agricultores, os intermediários, os transformadores de alimentos e o consumidor. Na prática, cada um deles encara o sistema de comercialização agrícola/alimentar numa perspetiva de interesse próprio e estes interesses estão por vezes em conflito. A seguir são apresentados exemplos ilustrativos de alguns dos conflitos que normalmente surgem.

Principais intervenientes	**Interesses**

Agricultores	Preço máximo, quantidades ilimitadas
Fabricantes	Baixo preço de compra, alta qualidade
Comerciantes e retalhistas	Baixo preço de compra, alta qualidade
Consumidores	Baixo preço de compra, alta qualidade

O interesse do agricultor centra-se em obter o melhor rendimento dos seus produtos, o que normalmente equivale a um preço máximo para quantidades ilimitadas. Os fabricantes pretendem obter dos agricultores produtos com o menor custo e a melhor qualidade, de modo a poderem vendê-los a preços competitivos, mas lucrativos. Os comerciantes e retalhistas querem fornecimentos de alta qualidade e fiáveis do fabricante ou do agricultor a preços mais competitivos.

Os consumidores estão interessados em obter produtos de alta qualidade a preços baixos. É evidente que existem interesses contraditórios.

DESENVOLVIMENTOS E ESTRATÉGIAS RECENTES

O Governo apercebeu-se da importância de um sistema de comercialização agrícola eficaz para ajudar os agricultores não só a obterem o melhor preço possível, mas também a diversificarem as suas actividades para outras culturas e empresas e a tirarem partido das vantagens do mercado internacional. Por conseguinte, alguns dos principais desenvolvimentos em matéria de comercialização de produtos agrícolas são enumerados a seguir

Melhorar o desempenho dos mercados grossistas - Existem milhares de mercados regulamentados a funcionar no país. A fim de reforçar o sistema de comercialização a nível grossista, o Governo da Índia sugeriu várias medidas através de leis-modelo divulgadas em 2003 e 2017.

Desregulamentação/eliminação e isenção da taxa de mercado aplicável aos frutos e produtos hortícolas - A fim de promover a comercialização de produtos perecíveis e incentivar a emergência de canais de comercialização alternativos para os frutos e produtos hortícolas, vários Estados desregulamentaram/eliminaram e isentaram a taxa de mercado aplicável aos frutos e produtos hortícolas e apoiaram esta iniciativa de diferentes formas para incentivar a comercialização de produtos perecíveis.

Reforço dos mercados de agricultores - O conceito de mercado de agricultores foi experimentado em vários Estados com nomes diferentes, como *Apni Mandis* em Punjab e Haryana. O conceito, com algumas modificações, foi popularizado em Telangana e Andhra Pradesh através de *Rythu Bazars*, *Raithu Santhe* em Karnataka e em Tamil Nadu como *Uzhavar Santhai*. Cerca de 488 destes mercados de agricultores estão a funcionar em diferentes Estados (GoI, 2017). No entanto, estes mercados fornecem principalmente uma plataforma para a transação direta entre o produtor e o consumidor para o fornecimento de produtos frescos cultivados localmente, ao contrário do Oeste, onde a plataforma é utilizada para educação e extensão, além da comercialização.

Criação de infra-estruturas - A disponibilidade de infra-estruturas nos mercados desempenha um papel importante no manuseamento adequado e na redução das perdas pós-colheita. No entanto, de acordo com os relatórios sobre a duplicação do rendimento dos agricultores, a situação das infra-estruturas nos mercados não é muito animadora. As plataformas de leilão cobertas e abertas existem apenas em dois terços dos mercados regulamentados, enquanto apenas um quarto dos mercados dispõe de estaleiros de secagem comuns. Existem unidades de armazenagem frigorífica em menos de um décimo dos mercados e instalações de calibragem em menos de um terço dos mercados. As básculas electrónicas só estão disponíveis em alguns mercados. Para citar um exemplo, existem apenas 447 armazéns e 334 estaleiros de secagem nos diferentes mercados regulamentados de Tamil Nadu. O Governo introduziu vários regimes como o regime integrado de comercialização agrícola (ISAM) e o fundo de infra-estruturas agrícolas para apoiar a criação de infra-estruturas relacionadas com o mercado.

Prever o comércio em linha - O conceito de e-NAM foi lançado pelo governo numa base piloto. Foram integrados no portal eletrónico cerca de 1000 mercados de 21 Estados/UTs. A plataforma tornou-se mais completa e mais fácil de utilizar através da introdução de um módulo de comércio baseado em armazéns e de um módulo para a participação das organizações de produtores florestais.

Criação de pontos de venda locais em cada aldeia - A criação de pontos de venda locais onde os agricultores possam vender as suas colheitas diretamente aos consumidores ou compradores autorizados seria muito benéfica. Para que os agricultores possam colher os benefícios desta rede, a intervenção do governo é essencial. Sugeriu-se que *os haats* rurais ou os mercados periódicos rurais fossem transformados em GrAM para funcionarem como centros de recolha e distribuição.

GESTÃO DAS PERDAS PÓS-COLHEITA

A tecnologia de redução das perdas pós-colheita compreende a utilização de índices de maturidade adequados, a redução das perdas no manuseamento, embalagem, transporte, armazenamento e distribuição com infra-estruturas e maquinaria modernas, a transformação e a conservação com tecnologia de baixo custo. A utilização de baixas temperaturas (armazenamento a frio, congelação, etc.), altas temperaturas (secagem, cozedura, enlatamento, etc.), produtos químicos (conservantes de classe I e II) e reacções biológicas, juntamente com outras técnicas de conservação, são aplicadas para melhorar a capacidade de armazenamento. O acondicionamento correto em recipientes ou materiais de embalagem adequados não só prolonga o prazo de validade como também melhora a distribuição. A adoção destas técnicas pode tornar acessível uma grande quantidade de alimentos, evitando o seu desperdício. Isto proporcionará uma nutrição de melhor qualidade, disponibilizando mais alimentos e mais matérias-primas para transformação, garantindo assim melhores rendimentos aos agricultores. Na ausência de adoção de medidas adequadas de redução das perdas pós-colheita, os produtos agrícolas podem incorrer em perdas nos seguintes termos

Perda quantitativa - É a redução do peso devido à perda de água do produto e à perda de matéria seca pelo metabolismo respiratório.

Perda qualitativa - significa deterioração da frescura devido à perda de atratividade para o consumidor (alteração da forma, cor, sabor, etc.) e perda nutricional (vitaminas, minerais, açúcares, etc.). O custo da prevenção das perdas após a colheita é, em geral, inferior ao custo de produção de uma quantidade adicional semelhante de produtos e a redução das perdas é um meio complementar para aumentar a produção. Os tratamentos pré-colheita, a colheita na fase de maturação correta, a adoção de técnicas de colheita adequadas, o corte do caule, a cura dos produtos hortícolas, a poda dos produtos hortícolas, o transporte em cadeia a frio, a embalagem e a armazenagem são algumas das medidas que podem ajudar a minimizar as perdas pós-colheita qualitativas e quantitativas.

PARCERIA PÚBLICO-PRIVADA

Promoção do investimento privado: Este é um dos principais lemas do processo de reformas iniciado pelos governos central e estatal. Por conseguinte, a fim de desenvolver um regime de parceria público-privada no sector, todas as medidas de reforma identificadas devem ser aplicadas com o espírito correto pelos Estados, introduzindo as alterações necessárias nas respectivas leis APMC estaduais. O investimento privado no sector da comercialização agrícola não pode ser considerado isoladamente. Para tal, é necessário eliminar as deficiências do sistema regulamentar de comercialização através da promoção da comercialização direta, da agricultura sob contrato e da criação de mercados no sector privado e cooperativo, da promoção de um sistema de informação de mercado eficaz, de um mecanismo dinâmico de determinação dos preços e de gestão dos riscos, de um sistema de extensão comercial baseado nas necessidades, da promoção da classificação e da normalização e da promoção de um sistema de comercialização moderno, como o modelo de mercados terminais "hub and spoke". Em cada modelo, deve haver clareza quanto à partilha dos fundos de investimento, das componentes de investigação e desenvolvimento e das operações comerciais. Além disso, o modelo deve incluir toda a cadeia de desenvolvimento, desde o conceito até ao lançamento. É necessário reconhecer os diferentes sistemas operacionais existentes nos sectores público e privado e criar relações de trabalho harmoniosas entre os dois.

Ligação dos agricultores aos mercados através de ferramentas TIC

Os programas de desenvolvimento agrícola nos países em desenvolvimento dependem principalmente da natureza e do nível de utilização das tecnologias da informação e da comunicação (TIC) para mobilizar as pessoas. Na Índia, o sistema de comercialização agrícola está a sofrer uma rápida transformação devido às mudanças no ambiente do comércio mundial e às políticas correspondentes do Governo. Os transformadores, retalhistas, agricultores e outras partes interessadas estão a trabalhar em conjunto para substituir os canais de comercialização tradicionais por canais de comercialização modernos e mais eficientes. A agricultura indiana, que garante a segurança alimentar e a estabilidade da economia, é dominada por pequenos agricultores, que desempenham um papel crucial no desenvolvimento global da nação. No entanto, enfrentam vários problemas, como a pobreza, os baixos rendimentos, a qualidade inconsistente, as perdas pós-colheita, a falta de conhecimento dos mercados nacionais/internacionais, as alterações climáticas, a má compreensão e o acesso à tecnologia, a longa cadeia de intermediários e muitos outros. A aplicação das TIC pode ser vital para apoiar os pequenos agricultores e também para os ajudar a ligarem-se ao mercado. A ligação dos agricultores aos mercados requer uma estratégia "descendente", que implica a identificação da procura no mercado e a procura de agricultores ou de grupos de agricultores para a satisfazer, ou uma estratégia "ascendente", que implica a identificação de agricultores/grupos de agricultores com os quais trabalhar e a procura de um mercado adequado ao qual possam estar ligados para fornecer os produtos. Qualquer que seja a estratégia adoptada, a sensibilização dos agricultores para os mercados e as condições de comercialização é essencial para o desenvolvimento bem sucedido da ligação ao mercado. A disponibilidade de mercados pode não ser a condição suficiente para garantir o sucesso; eles precisam de estar num estado que facilite aos agricultores e outras partes interessadas a realização do lucro, que estão ligados a empresários ou agricultores. No início, a rendibilidade da exploração agrícola deve ser contabilizada através de pressupostos realistas de produção e distribuição. Além disso, a identificação do mercado é importante e deve ser seguida pela colocação dos agricultores em posição de oferecer produtos de qualidade no momento certo, o que inevitavelmente lhes trará mais investimentos. O estabelecimento destas ligações e as suas necessidades de informação podem ser apoiados pela aplicação das tecnologias da informação. Todo o processo de "ligação" dos agricultores aos mercados pode ser facilitado com a aplicação das TIC.

Tipos de ligações entre agricultores e mercado

No passado recente, o Governo da Índia adoptou várias medidas políticas para reforçar o sistema de comercialização agrícola e torná-lo eficiente e mais adequado para os pequenos agricultores. Estas mudanças nas políticas testemunharam o aparecimento de várias alternativas que facilitam a ligação do agricultor ao mercado, como - 1. Organizações de produtores agrícolas

2. Ligações através de um agricultor líder
3. Ligações cooperativas
4. Agricultores a comerciantes nacionais
5. Do agricultor ao retalhista
6. Agricultores para agro-processadores
7. Do agricultor ao exportador
8. Agricultores para o Governo

Utilização das tecnologias da informação e da comunicação (TIC)

É importante compreender as tecnologias da informação e da comunicação (TIC), uma vez que a sua aplicação pode ajudar os agricultores a participarem melhor nos canais de comercialização emergentes. As TIC são a tecnologia utilizada para comunicar informações. Existe uma variedade de ferramentas digitais de TIC, incluindo a rádio, a televisão, os telemóveis, os computadores, as redes, o hardware, o software e os sistemas ligados a satélites e os seus serviços e aplicações associados, como a videoconferência, a rádio comunitária e os sistemas de ensino à distância. A informação divulgada facilita aos agricultores a decisão sobre o que e quando planear, como cultivar, quando e como colher, que práticas de gestão pós-colheita seguir, quando e onde comercializar os produtos. Algumas das áreas de aplicação das TIC no marketing agrícola, no agronegócio e no comércio são:

- Aquisição eficiente
- Fornecimento aos consumidores de produtos transformados e de produtos agrícolas

- Venda de produtos pelos agricultores
- Melhor conhecimento do mercado
- Conhecimento dos preços internacionais

Aplicação das TIC para a divulgação de informações aos agricultores

As informações relacionadas com o mercado exigidas pelas diferentes partes interessadas são apresentadas a seguir:

Área de informação	Cobertura
Informações relativas ao mercado	Tais como taxas de mercado, encargos de mercado, custos, método de venda, pagamento, pesagem, manuseamento, funcionários do mercado, programas de desenvolvimento, leis de mercado, mecanismo de resolução de litígios, composição de comités de mercado, receitas e despesas, etc.
Informações relativas aos preços	Por exemplo, os preços mínimos, máximos e modais das variedades e das quantidades transaccionadas, o total de chegadas e expedições com destino, as margens de custos de comercialização, etc.
Informações relativas às infra-estruturas	Informações que incluam instalações e serviços disponíveis para os agricultores em matéria de armazenagem e depósito, armazenagem frigorífica, mercados diretos, classificação e reembalagem, etc.
Informações relacionadas com os requisitos de marketing	Abrangendo as normas e os graus aceites, a rotulagem, os requisitos sanitários e fitossanitários, o financiamento do penhor, o crédito à comercialização e as novas oportunidades disponíveis para melhorar a comercialização

Estas iniciativas de comercialização agrícola reduzem a procura de informação e proporcionam um sistema de informação de janela única (Anónimo, 2017). Alguns dos modelos emergentes em diferentes sectores para facilitar a divulgação de informações sobre aspectos agrícolas e afins no país são:

1) Digital Mandi- Esta aplicação digital criada pelo IIT, Kanpur e BSNL, tem por objetivo fornecer aos agricultores a taxa de mercado atual dos produtos agrícolas. Isto ajuda os agricultores a tomar decisões relacionadas com o mercado, como a seleção do mercado e o momento adequado para vender os seus produtos com o máximo rendimento.

2) A tecnologia de agro-consultoria móvel **m-Krishi-** TCS utiliza tecnologia móvel e de sensores para permitir que os agricultores enviem as suas questões e recebam informações sobre o clima e os preços locais de Mandi. Os agricultores também recebem conselhos de especialistas e outras informações relevantes na sua língua local.

3) m-Kisan- É uma aplicação móvel de aconselhamento agrícola para os agricultores com informações acionáveis, que é fornecida através de canais móveis como voz, mensagens de texto, vídeos a pedido e linha de apoio ao agricultor. Esta aplicação dá conselhos adequados aos agricultores e fornece uma plataforma para o intercâmbio de conhecimentos.

4) YouTube- O YouTube fornece um roteiro para uma dimensão empresarial agrícola bem sucedida através de vídeos atractivos. Uma vez que muitas pessoas se sentem mais à vontade quando acedem visualmente, esta ferramenta transmite facilmente as vantagens e caraterísticas dos bens e serviços.

5) WhatsApp- O WhatsApp envia mensagens em tempo real e está entre as principais aplicações de comunicação do século 21st . O WhatsApp pode ser utilizado para estabelecer ligações entre os agentes da cadeia de valor agrícola, ou seja, comerciantes de insumos agrícolas, centros de negócios agrícolas, pequenas e médias empresas (PME) e extensionistas. Isto abre caminho à criação de maior valor para os pequenos agricultores e os agricultores marginais. Há muitos exemplos na agricultura em que o WhatsApp tem sido utilizado para a partilha rápida de informações sobre vários aspectos relacionados com a produção e também para a comercialização de produtos cultivados localmente.

6) Facebook- Os agricultores podem utilizar o Facebook de várias formas para aspectos relacionados com a produção e o mercado. Oferece uma via para manter os clientes em contacto e o público em geral. O Facebook oferece facilidades como muros digitais, publicações, estados, vídeos e ligações, que permitem aos agricultores publicitar os seus produtos agrícolas e produtos de valor acrescentado.

7) Telegrama - O Telegrama oferece um enorme potencial, mantendo a privacidade do número de telemóvel em relação a pessoas desconhecidas. O Telegram pode acolher cerca de 2 lakh membros num grupo. Graças a esta facilidade alargada, cada vez mais agricultores podem juntar-se a um grupo e partilhar os seus produtos, conhecimentos e outras informações úteis. A informação pode ser transferida através de PDF, PPT, Docs e Links.

8) AgriMarket- A aplicação móvel AgriMarket fornece informações sobre as notícias do mercado (chegadas e preços) de produtos agrícolas nas imediações de 50 quilómetros em torno da localização do agricultor com a ajuda do GPS móvel. Existe uma opção alternativa para obter o preço de qualquer mercado e de qualquer cultura, caso a pessoa não queira utilizar a localização GPS.

9) O e-NAM - National Agriculture Market (eNAM) é um portal de comércio eletrónico pan-indiano, que liga em rede os APMC *Mandis* existentes, a fim de criar um mercado nacional unificado para os produtos agrícolas. O Small Farmers Agribusiness Consortium (SFAC) é a agência nodal para a implementação do eNAM sob a supervisão do Ministério da Agricultura e do Bem-Estar dos Agricultores, Governo da Índia. Trata-se de um modelo global que se destina a assegurar várias funções físicas e de facilitação do mercado, como a armazenagem, a classificação, a embalagem, o financiamento, os seguros, a promoção, etc., para além da descoberta de preços científicos, transparentes e competitivos.

10) Portal dos Agricultores - O sítio Web do Portal dos Agricultores é um empreendimento que visa criar um balcão único para satisfazer todas as necessidades de informação sobre produção, vendas e armazenamento relacionadas com a agricultura e sectores conexos.

11) Centros de atendimento Kisan - Estes centros foram concebidos exclusivamente como uma linha telefónica de apoio aos agricultores nas línguas regionais. Os centros de atendimento telefónico Kisan estão localizados em todos os Estados para gerir os pedidos de informação sem congestionamento de todos os locais de cada Estado. Através destes centros de atendimento, os peritos oferecem soluções para as questões relacionadas com as actividades agrícolas e afins.

12) IFFCO Kisan Sanchar Limited- O seu objetivo é melhorar os meios de subsistência dos agricultores, fornecendo uma gama de soluções práticas. O seu objetivo é transformar a agricultura com a aplicação da tecnologia e facilitar os agricultores, fornecendo serviços de aconselhamento móvel através da aplicação IFFCO Kisan Agriculture e do centro de atendimento IFFCO Kisan. Trabalhando em estreita colaboração com os seus parceiros institucionais, também ajudam as associações de agricultores e as organizações de produtores agrícolas (OPF) a melhorar a qualidade dos produtos e a oferecer opções viáveis para vender os seus produtos diretamente às unidades de fabrico/transformação.

13) AGMARKNET - Este regime do sector central baseado nas TIC, designado por Rede de Informação sobre Comercialização Agrícola (AGMARKNET), foi criado através da ligação de mercados regulamentados vitais localizados em todo o país e de conselhos e direcções estaduais de comercialização agrícola. Proporciona uma interface entre os agricultores e outros beneficiários e partilha informações relacionadas com o mercado.

14) *e-Choupal* - Uma iniciativa da ITC que proporciona um canal de comercialização alternativo e fornece informações para ajudar os agricultores a superar os vários desafios que enfrentam. O seu objetivo é fornecer informações sobre parâmetros como as previsões meteorológicas, os preços dos mandi, as boas práticas agrícolas e as estratégias de aversão ao risco. *O e-Choupal* fornece informações sobre aspectos relacionados com o mercado em tempo real e conhecimentos personalizados específicos para os agricultores. Isto permite que os agricultores decidam, no momento certo, as necessidades de produtos agrícolas no mercado local. A agregação da procura de factores de produção agrícola por parte dos agricultores individuais dá-lhes acesso a factores de produção de alta qualidade de fabricantes experientes e reputados a preços justos.

CONCLUSÕES E IMPLICAÇÕES POLÍTICAS

A comercialização de produtos hortícolas é um fenómeno complexo devido à sua natureza perecível, sazonalidade e volume. Esta situação é ainda agravada pelo facto de os agricultores terem uma pequena superfície cultivada e uma pequena quantidade comercializável. As perdas de produção e pós-colheita são mais elevadas e, como tal, os produtos hortícolas requerem um sistema de comercialização desenvolvido para o seu rápido escoamento. Ao nível das explorações agrícolas, as culturas hortícolas ocuparam um lugar importante no padrão de cultivo. O cultivo múltiplo de produtos hortícolas resultou numa maior intensidade de cultivo nestas explorações e colocou a cultura de produtos hortícolas na via da comercialização. São recomendadas as seguintes opções políticas: -É necessário criar mercados locais regulamentados diários perto de zonas de nicho de produção de produtos hortícolas.

- Os produtores de produtos hortícolas deveriam poder beneficiar de empréstimos institucionais para a cultura/comercialização a um custo mais baixo.
- Criação de laboratórios de análises de solos a distâncias acessíveis dos centros de produção hortícola.
- É necessário criar unidades de transformação de produtos hortícolas em pequena escala a nível das explorações agrícolas e dos blocos.

-O desenvolvimento de infra-estruturas, incluindo estradas e meios de transporte eficientes, e o reforço das instituições cooperativas de comercialização de produtos hortícolas podem contribuir para melhorar a eficiência da comercialização de produtos hortícolas. Os agricultores que cultivam a maior parte destas culturas não têm voz colectiva sob a forma de associações/grupos de produtores. É necessário incentivar as cooperativas de produtores, as associações de produtores e os grupos de produtores a organizarem a comercialização e a beneficiarem da força colectiva.

- Os aspectos de comercialização das culturas produzidas em estufa requerem conhecimentos técnicos sobre as caraterísticas físicas desejadas pelos consumidores, tanto nos mercados urbanos como nos rurais. Os agricultores que se dedicam ao cultivo protegido precisam de aprender os truques do comércio e enriquecer as suas vidas.
- É necessário criar mercados locais regulamentados diários perto das zonas de nicho de produção de produtos hortícolas.
- É necessário criar unidades de transformação de produtos hortícolas em pequena escala ao nível das aldeias e dos blocos.
- O desenvolvimento de infra-estruturas, incluindo estradas e meios de transporte eficientes, e o reforço da comercialização cooperativa de produtos hortícolas podem contribuir para melhorar a eficiência da comercialização.
- Com o aumento da população, a procura de produtos hortícolas de qualidade está a aumentar nas zonas urbanas e periurbanas e é necessário introduzir regimes de produção de produtos hortícolas nessas zonas.

REFERÊNCIAS

- Anónimo (2017) ICT in Agriculture, Conferência Nacional de Mesa Redonda, Conselho Indiano de Alimentação e Agricultura. New Delhi.
- Barber J, Mangnus E, Bitzer V (2016) Aproveitamento das TIC para a extensão agrícola. Documento de Trabalho do KIT 2016:4
- Eaton, C., e A.W. Shepherd (2001), Contract Farming : Partnerships for Growth, FAO Agricultural Services Bulletin 145, Organização das Nações Unidas para a Alimentação e a Agricultura, Roma, Itália.
- Kumar, Sant, Joshi, P.K., e Pal, Suresh (2004) Growing vegetables: O papel da investigação. In. *Processo 13, Impact of Vegetable Research in India,* Eds: Sant Kumar, P.K. Joshi e Suresh Pal, National Centre for Agricultural Economics and Policy Research, Nova Deli.
- Ministério da Agricultura e do Bem-Estar dos Agricultores (2017) Relatório do Comité para a Duplicação do Rendimento dos Agricultores, Vol. 4, Intervenções pós-produção: Comercialização agrícola.
- Swaminathan, M.S. (2002) Grupos de alimentos e dieta equilibrada: Doses dietéticas recomendadas. In: Essentials of Food and Nutrition - An Advanced Textbook, Vol. 2. pp. 1-23. Bangalore: The Bangalore Printing and Publishing Co. Ltd.
- Singh, A. K. Effect of protected and unprotected conditions on biotic stress, yield and economics of spring summer vegetables. Indian Journal of Agricultural Science. 2005; 75(8):485-487.
- Singh, K, e T. M. Gajanana, (2007), "Co-operative Marketing of Fruits and Vegetables in India", Concept Publishing House, New Delhi.

CAPÍTULO 15

Sucesso no comércio eletrónico: Navegar no marketing online para impulsionar as vendas de produtos agrícolas

Syed Faisal Andrabi Responsável técnico Amazon

Introdução ao comércio eletrónico e ao marketing em linha:

O comércio eletrónico, abreviatura de electronic commerce, refere-se à compra e venda de bens e serviços através da Internet. Transformou a forma como as empresas funcionam e como os consumidores fazem compras, permitindo que as transacções ocorram sem as limitações do tempo e da distância. O marketing em linha, por outro lado, envolve a utilização de vários canais digitais para promover produtos ou serviços junto de um público-alvo, gerando tráfego, envolvimento e, por fim, vendas.

Eis alguns dos principais componentes e estratégias relacionados com o comércio eletrónico e o marketing em linha:

1. plataformas de comércio eletrónico: São soluções de software que permitem às empresas criar lojas online e gerir as suas vendas e operações.

2. Design do sítio Web e experiência do utilizador: Criar um sítio Web intuitivo e visualmente apelativo é crucial para reter os clientes. Interfaces fáceis de utilizar, navegação suave e design reativo são essenciais para proporcionar uma experiência de compra sem problemas.

3. Canais de marketing digital: Estes incluem várias plataformas online através das quais as empresas podem promover os seus produtos ou serviços. Os exemplos incluem o marketing nos motores de busca (SEM), a otimização dos motores de busca (SEO), o marketing nas redes sociais, o marketing por correio eletrónico, o marketing de conteúdos e o marketing de afiliados.
4. Otimização para motores de busca (SEO): Trata-se de otimizar o seu sítio Web e o respetivo conteúdo para melhorar a sua visibilidade nas páginas de resultados dos motores de busca. Ao utilizar palavras-chave relevantes, criar conteúdo de alta qualidade e obter backlinks de fontes respeitáveis, pode melhorar a classificação do seu sítio Web e atrair mais tráfego orgânico.
5. Marketing de redes sociais: A utilização de plataformas como o Facebook, Instagram, Twitter e LinkedIn permite que as empresas se envolvam com o seu público-alvo, criem consciência da marca e conduzam tráfego para os seus sítios Web de comércio eletrónico.
6. Marketing por correio eletrónico: O envio de campanhas de correio eletrónico direcionadas e personalizadas a clientes potenciais e existentes é uma forma eficaz de promover produtos, oferecer descontos e fidelizar clientes.
7. Marketing de conteúdo: A criação de conteúdos valiosos e relevantes, como publicações em blogues, vídeos e infográficos, pode ajudar a atrair e reter clientes, a estabelecer autoridade no seu sector e a conduzir tráfego orgânico para o seu sítio Web.
8. Análise de dados e percepções dos clientes: O rastreio e a análise de dados relacionados com o comportamento, as preferências e os padrões de compra dos clientes podem fornecer informações valiosas para melhorar as estratégias de marketing e melhorar a experiência global do cliente.

9. Otimização para dispositivos móveis: Com a crescente utilização de smartphones, a otimização do seu sítio Web de comércio eletrónico para dispositivos móveis é crucial. Uma interface compatível com dispositivos móveis garante uma experiência de compra sem problemas para os clientes que preferem fazer compras utilizando os seus smartphones ou tablets.

Se compreenderem e implementarem eficazmente estas componentes e estratégias, as empresas podem criar uma forte presença em linha, atrair uma base de clientes maior e impulsionar as vendas no competitivo mundo do comércio eletrónico.

Como é que o comércio eletrónico ajuda a aumentar as vendas de uma empresa?

O comércio eletrónico oferece várias vantagens importantes que podem contribuir significativamente para o aumento das vendas de uma empresa. Algumas das formas como o comércio eletrónico pode aumentar as vendas incluem:

1. Alcance alargado:

Com uma plataforma de comércio eletrónico, as empresas podem chegar aos clientes a nível mundial, quebrando as barreiras das limitações geográficas. Este alcance alargado permite que as empresas entrem em novos mercados e atraiam uma base de clientes mais alargada, o que, em última análise, conduz a um aumento das vendas.

2. Disponibilidade 24/7: O comércio eletrónico permite que as empresas funcionem 24 horas por dia, permitindo que os clientes façam compras a qualquer hora do dia. Esta acessibilidade e conveniência podem levar a um aumento das vendas, uma vez que os clientes podem comprar produtos ou serviços sempre que quiserem, sem estarem limitados pelo horário comercial tradicional.
3. Marketing personalizado: As plataformas de comércio eletrónico integram frequentemente dados e análises de clientes, permitindo às empresas personalizar os esforços de marketing e adaptar as recomendações de produtos às preferências específicas dos clientes. O marketing personalizado ajuda a criar uma abordagem mais direcionada e eficaz, aumentando assim a probabilidade de efetuar uma venda.
4. Custos operacionais reduzidos: Em comparação com as lojas tradicionais de tijolo e cimento, as empresas de comércio eletrónico têm frequentemente custos operacionais mais baixos. Não requerem um espaço físico de venda a retalho, pessoal extenso ou outros custos gerais associados à manutenção de uma loja física. Esta eficiência de custos permite que as empresas ofereçam preços competitivos, o que pode atrair mais clientes e levar a um aumento das vendas.
5. Oportunidades de marketing e promoção: As plataformas de comércio eletrónico oferecem várias ferramentas de marketing e promoção, como o marketing por correio eletrónico, a publicidade nas redes sociais e as promoções direcionadas. Estas ferramentas permitem que as empresas atinjam efetivamente o seu público-alvo, aumentem o conhecimento da marca e promovam ofertas especiais e descontos, o que pode impulsionar as vendas e o envolvimento dos clientes.
6. Processo de compra simplificado: O comércio eletrónico simplifica o processo de compra, tornando mais fácil e mais conveniente para os clientes a compra de produtos

ou serviços. Com funcionalidades como a compra com um clique, informações de pagamento guardadas e processos de checkout simplificados, as plataformas de comércio eletrónico reduzem os obstáculos à compra, levando a um aumento das taxas de conversão de vendas.

Que estratégias devem ser implementadas para que um negócio em linha seja um sucesso?

1. Listagens de produtos optimizadas: Crie descrições de produtos envolventes com imagens de alta qualidade e palavras-chave relevantes para aumentar a visibilidade.
2. Estratégia de preços competitiva: Realizar estudos de mercado exaustivos para fixar preços competitivos, assegurando simultaneamente a rendibilidade.
3. Venda multi-canal: Expanda o seu alcance vendendo através de múltiplas plataformas de comércio eletrónico, utilizando ferramentas integradas para uma gestão eficiente.

4. Envolvimento e retenção de clientes: Fomentar relações fortes com os clientes através de comunicação personalizada, programas de fidelização e apoio atempado.
5. Marketing estratégico e publicidade: Utilizar vários canais de marketing digital para direcionar o tráfego e promover os produtos de forma eficaz.
6. Excelente serviço ao cliente: Ofereça vários canais de comunicação, respostas rápidas e devoluções sem problemas para garantir a satisfação do cliente.
7. Qualidade do produto e confiança: Dê ênfase a produtos de alta qualidade, preços transparentes e transacções seguras para criar confiança junto dos clientes.
8. Conformidade da plataforma: Manter-se atualizado com as políticas da plataforma de comércio eletrónico para garantir a adesão e evitar penalizações.

Plataformas disponíveis para o comércio eletrónico:

Amazon (retalho)

IndiaMART (grossista)

Amazon (retalho)

A Amazon é uma empresa multinacional americana de tecnologia que se centra no

comércio eletrónico, na computação em nuvem e no streaming digital. Tem sido referida como "uma das forças económicas e culturais mais influentes do mundo" e é uma das marcas mais valiosas do mundo.
A Amazon foi fundada por Jeff Bezos a partir da sua garagem em Bellevue, Washington, a 5 de julho de 1994. Inicialmente um mercado em linha para livros, expandiu-se para uma multiplicidade de categorias de produtos.
Com o passar do tempo, a Amazon abriu caminho em todo o mundo como uma plataforma de comércio eletrónico líder e já dispõe dos seus serviços na maioria dos países do mundo.
Para a Índia, o mercado é a Amazon.in e, a partir deste sítio Web, uma pessoa que viva na Índia pode vender e comprar na Amazon em todo o mundo.

IndiaMART (grossista)

A IndiaMART foi lançada em 1996.
A IndiaMART é o maior mercado B2B em linha da Índia, ligando compradores a fornecedores. Com uma quota de mercado de 60% do espaço de classificados B2B online na Índia, o canal centra-se em fornecer uma plataforma para Pequenas e Médias Empresas (PME) e para os seus clientes.
Empresas (PME), grandes empresas e particulares. Fundada em 1999,
a missão da empresa é "tornar fácil fazer negócios".

Como criar a sua empresa na Amazon?

Ir para sellercentral.amazon.in

Introduza os seguintes dados e siga as instruções no ecrã:

1. Iniciar sessão utilizando as credenciais da sua conta amazon
2. Introduzir o número GST (ou PAN se o GST não estiver disponível)
3. Carregue os seus documentos conforme indicado no ecrã. A verificação dos mesmos demorará cerca de 48 horas

4. Introduza os dados da sua loja (nome, data de constituição, etc.)
5. Introduza o endereço para recolha dos artigos que vai listar na Amazon
6. Introduzir a preferência de envio, ou seja, se pretende enviar os seus produtos ou se pretende que a Amazon o faça por si
7. Escolha se pretende que a taxa de entrega seja paga pelo cliente ou se pretende pagá-la você mesmo
8. Introduza os seus dados bancários nos quais receberá o dinheiro que o cliente paga
9. Liste os seus produtos e introduza todos os pormenores relacionados
10. Uma vez concluídas todas as etapas acima, está a um passo de disponibilizar os seus produtos a milhares de clientes.
11. Para lançar a sua loja, clique no botão "Começar a vender

Como criar a sua empresa na IndiaMART?

1. Aceder a https://seller.indiamart.com/
2. Crie a sua conta utilizando o seu nome e um número de telefone
3. Adicionar nome, endereço e endereço eletrónico da sua empresa, loja/negócio
4. Adicionar os produtos ou serviços necessários

Utilização da inteligência automática e como pode ajudar-nos a criar uma empresa.

A IA, ou Inteligência Artificial, refere-se à simulação da inteligência humana em máquinas que são programadas para pensar e aprender como os seres humanos. O objetivo da IA é desenvolver sistemas capazes de realizar tarefas que normalmente requerem inteligência humana, como a perceção visual, a fala
reconhecimento, tomada de decisões e tradução de línguas.

A IA pode ser muito útil e útil na criação de um comércio eletrónico e no aumento das vendas. É possível gerar numerosos nomes, linhas gerais, logótipos, anúncios (fotografia e vídeo) e ideias de negócio.

Seguem-se algumas das ferramentas de IA mais comuns para o mesmo efeito:

1. Chat GPT
2. Google Bard
3. Logótipo.com
4. Criador de logótipo Adobe
5. Canva

Problemas/dificuldades comuns enfrentados na criação de uma empresa de comércio eletrónico bem sucedida.

A criação de uma empresa de comércio eletrónico bem sucedida pode ser um empreendimento gratificante, mas também acarreta vários desafios e obstáculos que os empresários têm de ultrapassar. Alguns problemas e dificuldades comuns enfrentados ao criar uma empresa de comércio eletrónico incluem:

1. Concorrência intensa: O sector do comércio eletrónico é altamente competitivo, com inúmeras empresas a disputar a atenção dos consumidores em linha. Destacar-se entre os concorrentes e diferenciar a sua marca pode ser um desafio.
2. Desafios técnicos: A criação e a manutenção de um sítio Web de comércio eletrónico funcional podem colocar desafios técnicos, especialmente para quem não tem uma sólida formação técnica. Problemas como falhas no sítio Web, vulnerabilidades de segurança e integrações de gateways de pagamento podem prejudicar o bom funcionamento do negócio.
3. Complexidades do marketing digital: A criação de estratégias de marketing digital eficazes, como a otimização dos motores de busca (SEO), o marketing nas redes sociais e o marketing por correio eletrónico, pode ser complexa e morosa. Compreender como utilizar estas estratégias para impulsionar o tráfego e as conversões é crucial para o sucesso de um negócio de comércio eletrónico.
4. Riscos de cibersegurança: As empresas de comércio eletrónico são frequentemente alvo de ciberataques e violações de dados. Garantir a segurança dos dados dos clientes e das informações sensíveis é fundamental para manter a confiança e a credibilidade junto dos clientes.
5. Desafios de logística e expedição: A gestão do inventário, o cumprimento das encomendas e a expedição atempada podem ser complexos, especialmente para as empresas que lidam com uma vasta gama de produtos e uma grande base de clientes. Encontrar parceiros de expedição fiáveis e otimizar o processo de logística é essencial para garantir a entrega atempada e a satisfação do cliente.
6. Serviço e apoio ao cliente: Prestar um excelente serviço e apoio ao cliente é essencial para reter clientes e criar uma base de clientes fiéis. O tratamento eficiente e eficaz das questões, queixas e devoluções dos clientes pode ser um desafio, especialmente durante as épocas altas ou quando se lida com um elevado volume de encomendas.
7. Questões relacionadas com o processamento de pagamentos: Garantir um sistema de processamento de pagamentos seguro e sem falhas é crucial para facilitar as transacções e criar confiança junto dos clientes. No entanto, lidar com problemas como erros de gateway de pagamento, falhas de transação e actividades fraudulentas pode representar desafios significativos para as empresas de comércio eletrónico.
8. Conformidade regulamentar: As empresas de comércio eletrónico têm de cumprir vários regulamentos relacionados com a proteção dos consumidores, a privacidade dos dados, a tributação e as transacções em linha. Navegar e aderir a estes regulamentos pode ser complexo e moroso, especialmente para empresas que operam em várias jurisdições.
9. Manter a confiança do cliente: Criar e manter a confiança do cliente num ambiente

online pode ser um desafio, especialmente para empresas de comércio eletrónico novas ou menos conhecidas. Estabelecer a confiança através de políticas transparentes, transacções seguras e um serviço ao cliente fiável é essencial para o sucesso a longo prazo. Para ultrapassar estes desafios, é necessário um planeamento cuidadoso, um conhecimento profundo do panorama do comércio eletrónico e uma abordagem proactiva para resolver potenciais problemas. Construir uma infraestrutura sólida, implementar estratégias de marketing eficazes e dar prioridade à satisfação do cliente pode ajudar as empresas a enfrentar estes desafios e a construir uma empresa de comércio eletrónico de sucesso.

CAPÍTULO 16

Produção comercial de produtos hortícolas em Jammu e Caxemira: Oportunidades & Desafios

S.H.Khan[1] , K. Hussain.[2] R.Anayat[3] , S. Mufti[2]
1Ex HOD, Division of Vegetable Sciences, SKUAST-Kashmir
Faculty of Horticulture (FoH), Shalimar, SKUAST-Kashmir
Faculty of Agriculture (FoA), Wadura, SKUAST-Kashmir

INTRODUÇÃO

Entre os importantes recursos biológicos da horticultura, as culturas hortícolas constituem um importante sector de recursos biológicos de que todos os seres humanos na Terra dependem diretamente para obter vitaminas e minerais essenciais para uma dieta equilibrada, além de fitonutrientes com propriedades de prevenção de doenças. O cultivo de produtos hortícolas, conhecido como horticultura, é uma das fontes mais importantes de rendimento agrícola e, como tal, o seu cultivo ocupa um lugar importante no desenvolvimento da agricultura e da economia do Estado. Assim, os produtos hortícolas desempenham um papel importante na melhoria da segurança alimentar, do rendimento e da nutrição a nível familiar [1], bem como a nível nacional. Os nutrientes presentes nos produtos hortícolas são componentes químicos presentes nos alimentos que ajudam o ser humano a manter-se nutrido [2]. A produção de produtos hortícolas aumentou e atingiu 200,45 milhões de toneladas em 2022. Mas registou-se um declínio acentuado na sua produção durante 2017, que desceu para 100 milhões de toneladas (Fig.1) devido ao declínio da produção de tomate, cebola e batata.

Vantagens da horticultura

- Os produtos hortícolas são culturas de curta duração e, por conseguinte, adaptam-se bem ao sistema de culturas múltiplas, produzem rendimentos muito elevados por unidade de superfície e obtêm 3-4 vezes mais rendimentos do que os cereais, para além de proporcionarem emprego durante todo o ano aos homens e mulheres das zonas rurais.
- Fonte rica de alimentos protectores como vitaminas, minerais e útil na resolução de problemas alimentares.
- O cultivo durante todo o ano gera melhores oportunidades de emprego.
- Os produtos hortícolas são uma importante fonte de rendimento agrícola e ocupam um lugar importante no desenvolvimento agrícola e na economia do Estado.
- Obtêm rendimentos mais elevados por unidade de superfície (4-5 vezes).
- É possível obter maiores rendimentos regulando os períodos de sementeira, quer antecipando quer atrasando a sementeira de alguns produtos hortícolas.
- O aumento da produção de produtos hortícolas assegurará uma dieta equilibrada ao homem comum e um rendimento elevado aos agricultores.
- A produção de sementes de produtos hortícolas de estação fria tem potencial para melhorar as condições económicas dos agricultores do vale.
- A transformação e o valor acrescentado dos produtos hortícolas é um sector potencial para o desenvolvimento da economia da população envolvida neste sector.

• Desempenhar um papel importante na obtenção de divisas através da exportação de produtos hortícolas frescos e transformados e de sementes.

• A maior parte dos produtos hortícolas são de curta duração, de crescimento rápido e produzem um rendimento elevado por unidade de superfície, podendo assim gerar mais rendimentos.

• Existe um grande potencial inexplorado de produção de produtos hortícolas no Estado, o que poderia impulsionar a nossa economia.

• Devido à grande mudança nos hábitos alimentares das pessoas para alimentos com baixo teor de gordura e de colesterol, os produtos hortícolas tornaram-se parte integrante da dieta equilibrada em todos os sectores da sociedade, pelo que a procura de produtos hortícolas de qualidade está a aumentar continuamente.

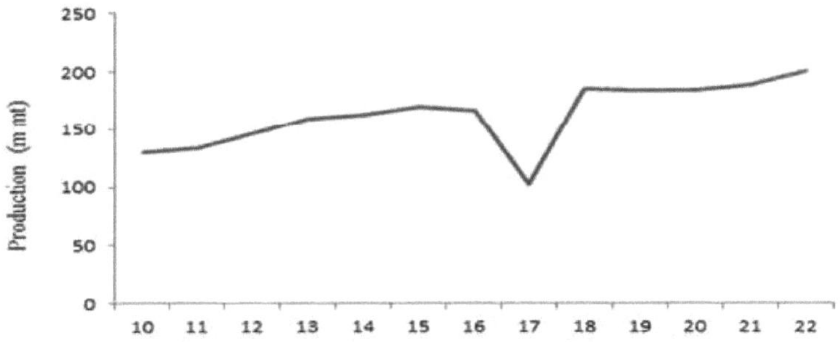

Fig. 1. Produção de legumes na Índia (2010-22)

Situação dos produtos hortícolas na Índia e em Jammu e Caxemira

A Índia é o segundo maior país produtor de produtos hortícolas do mundo. No entanto, é líder na produção de produtos hortícolas como as ervilhas e o quiabo. O país ocupa também a segunda posição mundial na produção de couve-galega, repolho, couve-flor e cebola e a terceira posição na produção de batata e tomate. De acordo com o Relatório Anual do Ministério da Agricultura da Índia, os produtos hortícolas são uma cultura importante no sector da horticultura da Índia, ocupando uma área de 10,1 milhões de hectares em 2017-18, com uma produção total de 180,7 milhões de toneladas e uma produtividade média de 17,8 toneladas/ha. Os produtos hortícolas constituem cerca de 59% da produção hortícola do país. A área, a produção e a produtividade dos produtos hortícolas na Índia estão a aumentar, como se pode ver abaixo:

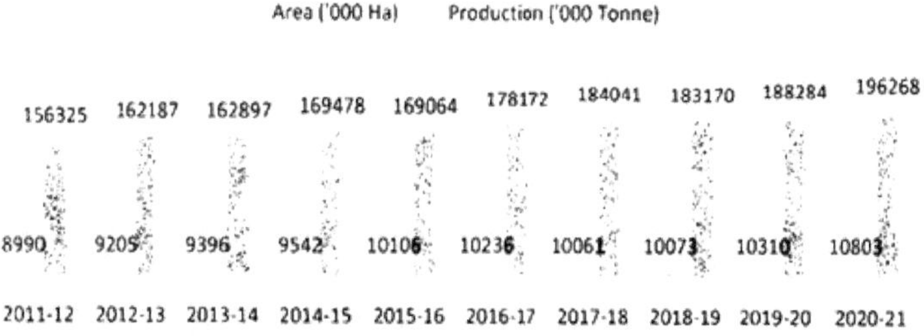

Fig 2: Tendência de aumento da área e da produção de culturas hortícolas na Índia

(Fonte: Divisão de Estatísticas da Horticultura, DAC & FW, 2020-21).

A horticultura constitui, por conseguinte, um importante recurso biológico e deve ser considerada em primeiro lugar pelos decisores políticos agrícolas para o seu desenvolvimento sistemático com um estatuto industrial para a sua sustentabilidade e melhoria em Jammu e Caxemira. Jammu e Caxemira é essencialmente uma região montanhosa em que apenas cerca de 30% da área total é cultivada. A agricultura é o principal pilar da população, uma vez que proporciona emprego, direta ou indiretamente, a cerca de 70% da mão de obra. Contribui com cerca de 65% das receitas do Estado, o que explica a dependência excessiva da região em relação à agricultura. A terra é, no entanto, limitada e, por conseguinte, a sua utilização judiciosa é necessária para satisfazer as necessidades crescentes da população, que está a aumentar enormemente, e para a sustentabilidade dos solos, dos ecossistemas e do ambiente. Os produtos hortícolas estão a ser cultivados em campo aberto, bem como em culturas protegidas [3], com uma grande mudança dos métodos tradicionais de produção para novos métodos baseados na ciência, nomeadamente novas variedades melhoradas, práticas culturais, estrume e fertilizantes, bem como pesticidas [4].

A base de dados relativa à superfície e à produção de produtos hortícolas é apresentada no quadro 1. O quadro mostra que a área cultivada com produtos hortícolas em Jammu e Caxemira é de 60,12 mil hectares, com uma produção de 1 337,12 mil toneladas e uma produtividade de 22,24 t/ha, suficiente para fornecer 240 g de produtos hortícolas per capita por dia, contra uma necessidade alimentar de 300 g/capita/dia (produtos hortícolas de folha: 125 g; produtos hortícolas de raiz: 100 g e outros produtos hortícolas: 75 g). Esta enorme diferença entre a disponibilidade e as necessidades de produtos hortícolas, tanto a nível nacional como estadual, deve-se principalmente à baixa produção e produtividade. O quadro político deve incluir diversos produtos hortícolas com elevada produtividade. A disponibilidade de produtos hortícolas por habitante e por dia, em termos de repartição, é a seguinte

Tabela 1: Diferentes parâmetros dos produtos hortícolas em JK UT

Ano	Necessidades de produtos hortícolas/ano ('000MT)	Perdas pós-colheita ('000MT)	Necessidades finais de produtos hortícolas/ano ('000MT)	Superfície de culturas hortícolas ('000 Ha)	Produção de vegetais ('000MT)	Produtividade (T/Ha)	Défice(+)/ Excedente(-) ('000MT)
2001	1110.74	222.15	1332.88	50.80	728.90	14.40	-603.98
2011	1373.27	274.65	1647.93	69.70	1559.10	22.40	-88.83
2021	1667.04	333.41	2000.45	60.12	1337.12	22.24	-663.33

O sector dos produtos hortícolas foi identificado como o principal sector prioritário para duplicar o rendimento dos agricultores. A Caxemira tem a particularidade de ter uma estação de produção de produtos hortícolas quando esta é uma estação baixa para o resto do país, o que constitui uma oportunidade única para os agricultores aumentarem os seus rendimentos através do cultivo de produtos hortícolas. Devem ser tomadas medidas para incentivar os agricultores a expandir a área cultivada com produtos hortícolas.

Os constrangimentos e as oportunidades futuras da produção comercial de

produtos hortícolas são resumidos a seguir:

A J&K possui enormes capacidades em termos de clima, água, recursos do solo, tecnologia melhorada e mão de obra que podem ser capitalizadas para a expansão vertical da produção de produtos hortícolas, maior produtividade e disponibilidade. Para garantir a segurança nutricional, a produção de produtos hortícolas tem de ser duplicada nos próximos anos. Uma produção mais elevada de produtos hortícolas pode ser alcançada através da adoção de todas as tecnologias recomendadas pelos agricultores [5], sendo necessário canalizar esforços para aumentar o rendimento agrícola, o que é possível através da identificação dos problemas e dos constrangimentos enfrentados pelos produtores de produtos hortícolas. A manutenção de uma maior produção e produtividade, a geração de tecnologia e a gestão de problemas e outras questões devem ser analisadas e implementadas coletivamente por investigadores, agências de extensão, produtores e, mais importante ainda, por decisores políticos. A política de produção comercial sustentável de produtos hortícolas, juntamente com a realização da autossuficiência, pode ser concretizada através da expansão horizontal e vertical dos produtos hortícolas na região, como segue:

1. Expansão horizontal e vertical

A área atual de cultivo de vegetais é de 60,12 mil hectares, com uma produção de 1337,21 mil toneladas. Mas, apesar de ser o segundo maior produtor, o país ainda enfrenta a escassez de alimentos. A disponibilidade per capita de produtos hortícolas continua a ser inferior à taxa recomendada de 275gms e 300gms pelo ICMR para mulheres e homens, respetivamente. Prevê-se que, em 2020, a população indiana seja de 1,39 mil milhões de pessoas, com uma densidade populacional de 455 pessoas por quilómetro quadrado, e que a área líquida cultivada seja ainda de 141 milhões de hectares [6] (Anonymous, 2019), sendo evidente que este rebanho de pessoas continuará a aumentar. Para atenuar este enorme fosso, é necessário proceder à expansão horizontal e vertical da cultura de produtos hortícolas. Se a verticalização for acelerada na Índia, poderá ajudar as pessoas a obter facilmente produtos hortícolas frescos cortados ao longo do ano, ajudar os produtores a obter lucros elevados e, cumulativamente, afetar positivamente o PIB nacional. Atualmente, é necessário cultivar cada vez mais culturas de forma permanente para fornecer alimentos a todos. Assim, para o conseguir, a integração da agricultura vertical e da hidroponia é uma das melhores opções [7](Kumar A, 2019). Aumentar a área de cultivo de produtos hortícolas, criando novas áreas de cultivo para disponibilizar produtos hortícolas durante todo o ano. Para tal, as áreas com irrigação adequada e instalações de drenagem adequadas em todos os distritos devem ser tidas em conta aquando da formulação de um quadro político para os produtos hortícolas na J&K. De acordo com os dados estatísticos de 2020-21, a produtividade dos produtos hortícolas em Jammu e Caxemira é de 22,24, o que é muito baixo em comparação com a produtividade nos países desenvolvidos (40-60 t/ha) e nos campos experimentais (35-50 t/ha). É possível aumentar a produtividade no campo do agricultor com as novas intervenções tecnológicas, como o cultivo de híbridos e variedades de alto rendimento desenvolvidos e recomendados pelo SKUAST-Caxemira ou recomendados pelo

SKUAST-Caxemira, ou mesmo o cultivo de HYV/híbridos desenvolvidos pelo sector privado e recomendados por se adaptarem melhor a esta região, para além de terem um alto rendimento e qualidade. Esta tecnologia pode aumentar a produção para cerca de 2-4 vezes os rendimentos convencionais. As sementes de híbridos de produtos hortícolas e de variedades de elevado rendimento devem ser disponibilizadas aos agricultores para que estes possam realizar todo o potencial de rendimento das culturas hortícolas. Tanto a expansão horizontal como a vertical parecem sempre difíceis e impraticáveis devido à diminuição das terras cultiváveis e ao patamar de rendimento atingido pelas principais culturas hortícolas. No entanto, nenhuma outra alternativa parece ser mais adequada do que a expansão horizontal e vertical. O padrão de utilização das terras de Jammu e Caxemira precisa de ser reorientado, tendo em conta a redução da área cultivada com produtos hortícolas. Para a expansão da área, é imperativo proceder à cartografia dos recursos e à cartografia da área:

Mapeamento de recursos

- Terras de pousio
- Cultivo intensivo de uma unidade de superfície
- Utilização melhor e mais eficiente dos factores de produção
- Melhor gestão pós-colheita dos produtos
- Ligação ao mercado para obter preços óptimos

2. Cultivo de culturas hortícolas exóticas de alto valor:

A Caxemira tem a distinção única no país de ter uma estação de produção de produtos hortícolas quando esta é uma estação baixa para o resto do país, proporcionando assim uma oportunidade única para os agricultores aumentarem os seus rendimentos ao dedicarem-se ao cultivo de produtos hortícolas. O cultivo de brócolos, couves-de-bruxelas, espargos, alface, couve roxa, etc. oferece aos produtores de produtos hortícolas da Caxemira uma oportunidade única de satisfazerem a procura destes produtos nos países europeus, para além de obterem enormes rendimentos agrícolas. Devem ser tomadas medidas para incentivar os agricultores a promover estes produtos hortícolas. A cultura de produtos hortícolas de elevado valor na divisão de Caxemira tem capacidade para se transformar numa empresa orientada para a exportação e trazer dividendos aos produtores de produtos hortícolas. Além disso, a estação de produção única do vale de Caxemira torna mais vantajosa para os agricultores a adoção destas culturas para aumentar o seu rendimento agrícola.

Quadro 3: Projeção da suficiência e do excedente de produtos hortícolas na J&K

Ano	População	Necessidades de produtos hortícolas / ano ('000MT)	Perdas pós-colheita ('000MT)	Necessidades finais de produtos hortícolas, incluindo perdas de PH/ano ('000MT)	Área de culturas hortícolas (ha)
2022	16224150	1776.54	532.96	2309.51	88500
2023	16508072	1807.63	542.29	2349.92	91500
2024	16796963	1839.27	551.78	2391.05	94500
2025	17090910	1871.45	561.44	2432.89	97500
2026	17390001	1904.21	571.26	2475.47	100500
2027	17694326	1937.53	581.26	2518.79	103500
Ano	**População**	**Produtividade (q/Ha) '**	**Produção de vegetais (milhares de toneladas)**	**Défice (-) / Excedente (+) ('000MT)**	**Valor (Rs. Em Cr)**

2022	16224150	225.0	1991.25	-318.26	3982.50
2023	16508072	230.0	2104.50	-245.42	4840.35
2024	16796963	235.0	2220.75	-170.30	5551.88
2025	17090910	240.0	2340.00	-92.89	6318.00
2026	17390001	245.0	2462.25	-13.22	7140.53
2027	17694326	250.0	2587.50	68.71	8021.25

Em Jammu e Caxemira, os produtos hortícolas exóticos de elevado valor, nomeadamente brócolos, couves de bruxelas, espargos, alface, couve roxa, pimentos coloridos, aipo, salsa, etc., são cultivados em 467,16 hectares de terra (Jammu: 367,16 hectares e Caxemira: 100 hectares), produzindo 9917,55 toneladas métricas de produtos hortícolas.

O cultivo de produtos hortícolas exóticos de elevado valor no Vale de Caxemira alinha-se com os objectivos mais amplos de promover a inovação agrícola, aumentar os rendimentos dos agricultores e melhorar a segurança alimentar geral. Através da adoção de práticas agrícolas modernas, tecnologias avançadas e técnicas de cultivo especializadas, procuramos capacitar os agricultores para uma produção sustentável, ao mesmo tempo que satisfazemos as crescentes exigências dos consumidores.

Para atingir o objetivo de comercializar o sector agrícola, deve ser dada prioridade ao cultivo de produtos hortícolas exóticos de elevado valor e de outras culturas semelhantes. A indústria do turismo interno depende da indústria da restauração e, devido aos turistas internacionais e nacionais, a preferência principal são os produtos hortícolas exóticos de elevado valor. Existe também um maior conhecimento da cozinha internacional. Embora os volumes estejam a aumentar, os proprietários de restaurantes procuram reduzir as despesas de importação e os chefes de cozinha estão a explorar formas de reduzir a pegada de carbono dos pratos que criam. O transporte aéreo de alimentos implica um maior consumo de energia, resultando em emissões de carbono. Toda esta produção interna significa ganhos substanciais para os empresários, uma vez que as alfaces exóticas cultivadas em Caxemira podem ser 30% mais baratas do que as importadas. Para atingir níveis de produtividade mais elevados nas culturas hortícolas, a utilização de variedades/híbridos de elevado rendimento e o seguimento de um pacote normalizado de práticas em estruturas abertas e protegidas é um pré-requisito. O cultivo de produtos hortícolas exóticos de elevado valor no Vale de Caxemira representa uma oportunidade inexplorada para o crescimento agrícola e a prosperidade económica. Tirando partido das vantagens naturais da região, abraçando a inovação e fornecendo os mecanismos de apoio necessários, podemos criar um sector agrícola próspero que beneficie os agricultores, os consumidores e a economia em geral. O presente documento de orientação estabelece as bases para a concretização desta visão e incentiva todas as partes interessadas a contribuírem ativamente para o êxito da implementação de culturas hortícolas exóticas de elevado valor no Vale de Caxemira.

3. Desenvolvimento e produção de híbridos

O desenvolvimento e a produção de híbridos em culturas hortícolas estão alinhados com os objectivos mais amplos de modernizar a agricultura, promover a inovação e garantir a segurança alimentar. Ao encorajar os agricultores a adoptarem a tecnologia híbrida, procuramos capacitá-los com variedades de sementes melhoradas que oferecem maior rendimento, melhor resistência a pragas e doenças, maior prazo de validade e maior valor nutricional. Isto, por sua vez, beneficia tanto os agricultores como os consumidores, uma vez que assegura um fornecimento constante de produtos de qualidade e cria novas oportunidades de mercado. Para obter híbridos nacionais, a produção de sementes híbridas é um domínio importante. A J&K pode deter o monopólio devido às condições climáticas favoráveis ao desenvolvimento de híbridos, bem como à produção de sementes híbridas, devido à menor incidência de doenças e pragas de insectos. A utilização de sementes híbridas e a produção de sementes híbridas têm perspectivas muito promissoras para melhorar a produção de produtos hortícolas, a saúde e a economia dos agricultores, devido ao seu elevado potencial de rendimento e aos elevados rendimentos das suas sementes, em especial em algumas culturas de elevado valor, como as culturas Cole, as culturas de raízes, os bolbos e as saladas. Tendo em conta a maior procura de híbridos F1 na Índia e as enormes possibilidades de exportação, deveríamos identificar os híbridos e o Governo deveria criar um programa de tecnologia de híbridos. Uma vez desenvolvidos os híbridos, é erigido o primeiro pilar da expansão vertical. Temos de explorar o melhoramento da heterose para o desenvolvimento de híbridos e aumentar os níveis de produtividade para níveis óptimos ou superiores aos necessários para satisfazer também as exportações.

- Popularização e adaptação de agrotécnicas e medidas fitossanitárias recomendadas recentemente divulgadas.
- Aumento da intensidade de cultivo de 200 para 300 por cento.
- Disponibilidade atempada de sementes de qualidade de variedades e híbridos a preços económicos e de outros factores de produção.
- Combinação adequada de variedades e híbridos de alto rendimento com estufas de alta tecnologia com instalações de automatização.
- As tecnologias hidropónicas estão a ter um bom impacto na melhoria dos níveis de produtividade e as tecnologias hidropónicas foram desenvolvidas pelo SKUAST-Kashmir para muitas culturas hortícolas como o tomate, o pimento e o pepino. No âmbito da tecnologia de agricultura de ambiente controlado (CEA), são utilizadas técnicas de agricultura de interior. O controlo artificial da temperatura, da luz, da humidade e dos gases torna possível a produção de alimentos e medicamentos em ambientes fechados. Em muitos aspectos, a agricultura vertical é semelhante às estufas, onde os reflectores metálicos e a iluminação artificial aumentam a luz solar natural. O principal objetivo da agricultura vertical é maximizar a produção das culturas num espaço limitado.
- Foi demonstrado que a utilização da tecnologia aeropónica aumenta os níveis de produtividade da batata 10 vezes mais do que o sistema convencional. Estas tecnologias têm sido utilizadas na prática para ultrapassar os efeitos negativos da diminuição da área de terra arável/habitante. Esta tecnologia também oferece uma alternativa para a produção de material de plantação de batata de qualidade, o que, de outra forma, constitui o maior obstáculo ao sucesso do seu cultivo económico.

5. Popularização da tecnologia de estufas

O inverno rigoroso e prolongado, com temperaturas negativas, quase paralisou a agricultura. As explorações agrícolas médias estão a diminuir constantemente. A superfície média das terras em J & K desceu para 0,75 ha, em comparação com a média nacional de 1,37 ha, e é provável que desça ainda mais para cerca de 0,44 ha, em comparação com a média nacional de 0,92 ha, até 2025. Consequentemente, a região apresenta deficiências alimentares e nutricionais. Os curtos períodos de crescimento e o rigor do inverno, por vezes, não permitem a maturação das culturas. O cultivo protegido é mais relevante nesta região do que noutras partes do país. A investigação e as demonstrações produziram resultados muito bons com a cobertura morta, os túneis ambulantes e as estufas, especialmente para a criação precoce de viveiros e a produção de produtos hortícolas fora de época.

Com estruturas apropriadas e medidas de controlo ambiental das plantas, os constrangimentos ambientais prevalecentes na região podem ser ultrapassados, permitindo o cultivo durante todo o ano, o aumento da produtividade em 25-100% e, em certos casos, ainda mais, bem como a conservação da água de irrigação em 25-50%. Para prolongar a disponibilidade de produtos hortícolas de clima temperado, para a criação de viveiros precoces e para o fornecimento de produtos hortícolas frescos durante os meses de inverno, pode ser importante utilizar uma estufa. O governo pode fornecer estruturas subsidiadas para popularizar o cultivo de legumes em estufas. Isto não só aumenta a produção como também proporciona segurança nutricional durante os meses de inverno. Nos países desenvolvidos, a produção máxima de legumes é efectuada em condições controladas e a produção não sofre com as condições climáticas adversas. A produtividade é tão elevada como 60 t/ha no pimento até 200 t/ha no tomate e no pepino. No entanto, no nosso país, a produção de produtos hortícolas em condições controladas ainda não arrancou.

No entanto, as técnicas de cultivo de legumes em condições controladas estão a ser iniciadas para aumentar a produção de legumes, especialmente durante a época baixa. No entanto, o SKUAST-Kashmir já padronizou as tecnologias de produção para a criação de culturas de alto valor, como o tomate, o pimento e o pepino, sob sistemas de irrigação por gotejamento / hidroponia, para aproveitar níveis de produtividade muito elevados e retornos económicos.

Quadro 3 Produção de produtos hortícolas dentro e fora da estufa [8]

S.N.	Cultura	Produção em campo aberto kg/m²	Interior da casa de polietilenokg/m²	Aumentar inyield
1.	Couve	4.5	9.7	2.15
2.	Beterraba	1.2	5.0	4.16
3.	Pepino	0.8	4.25	5.31
4.	Alface	0.75	4.88	6.4
5.	Couve-flor	2.5	7.5	3.0
6.	espanhol	2.5	6.5	2.4
7.	Tomate	5.5	10.5	4.0
8.	Cenoura	2.5	6.0	2.4
9.	Cebola	2.5	6.5	2.6
10.	Vegetais de folha	1.75	3.83	2.189

6. Cultura de legumes fora de época

As zonas de elevada altitude do vale são as zonas potenciais para a produção de produtos hortícolas fora de época para as planícies. As zonas com bons solos e irrigação devem ser identificadas e exploradas para a produção de produtos hortícolas fora de época, uma vez que os produtos hortícolas cultivados nestas zonas têm um significado especial no país devido à sua qualidade em termos de aroma, sabor, frescura, prazo de validade prolongado, etc.

Quadro 4: Oportunidades de produção de produtos hortícolas fora de época na Caxemira vale

S.N.	Cultura	Produção normal		Produção fora de época		Zonas de produção fora de época
		Plantação	Disponibilidade	Plantação	Disponível ty	
1.	**Ervilha**	outubro-novembro.	maio - junho	maio-junho	outubro-novembro.	Fálgama
2.	**Nabo**	outubro-novembro	dezembro-março	maio-junho	julho-outubro.	Larnoo
3.	**Couve**	fevereiro-março	abril-maio	maio-junho	julho-agosto.	Vailoo
4.	**Couve-flor**	fevereiro-março	abril - maio	maio-junho	julho-outubro	Gulmarg
5.	**Cenoura**	Ago.-Set.	novembro-março	maio-junho	julho-outubro	Sonamarg
6.	**Favas**	Ago.-Set.	maio-junho	maio-junho	setembro-novembro.	Dharakhesi
7.	**Knolkhol**	fevereiro-março	maio-junho	maio-junho	julho-Set.	Kapran

7. Renascimento de culturas de nicho em J&K

O Jammu e Caxemira deve incluir na sua política a promoção de culturas de nicho, uma vez que testemunham um património único. A iniciativa terá como resultado o aumento da produção, a melhoria dos meios de subsistência e a melhoria do acesso ao mercado. As principais componentes do relançamento de culturas hortícolas de nicho, como o LalMicrh de Caxemira e a chalota (Pran), centrar-se-ão principalmente na expansão horizontal em toda a J&K com o apoio do GI.Pertinentemente, Jammu e Caxemira alberga uma gama diversificada de culturas de nicho, incluindo o açafrão, a Kalazeera, o LalMirch de Caxemira, o amendoim, o Anardhana, o Bhaderwah-Rajmash, o alho da serra, o Mushkbudhji (arroz aromático), o arroz vermelho e. Estas culturas são cultivadas numa área de 32 000 hectares, com uma produção total de 24 000 toneladas métricas, o que representa uma contribuição substancial de 945 milhões de rúpias para o PIB da UT.

8. Reforço das estruturas de comercialização

Na Índia, a exportação de produtos hortícolas frescos foi de 2468,40 mil toneladas, no valor de 6075,83 crores, e a importação de produtos hortícolas frescos foi de 45,99 mil toneladas, no valor de 138,11 crores, para o ano de 2021-22.

Existe uma falta absoluta de ligação entre a produção e a comercialização. Tal deve-se a um sistema cooperativo inadequado e a restrições de quarentena. O Ministério da

Agricultura e o Governo, depois de identificarem as zonas de produção de produtos hortícolas, deveriam estabelecer Mandies com instalações de comercialização adequadas. Os agricultores devem também ser autorizados a exportar os produtos hortícolas. Deste modo, os produtores obterão mais lucros. O Governo do Estado deve introduzir um regime de seguro de colheitas para salvaguardar os interesses dos produtores, uma vez que as culturas hortícolas são sensíveis aos truques climáticos. O preço mínimo de apoio assegurado deve ser concedido em caso de excesso de produção.

9. Redução das perdas pós-colheita

Na Índia, a exportação de produtos hortícolas transformados foi de 308,28 mil toneladas no valor de 3072,77 crores e a importação de produtos hortícolas transformados foi de 20,71 mil toneladas no valor de 209,09 crores para o ano de 2021 -22. O aumento da produção de produtos hortícolas é gravemente afetado devido à enorme deterioração que ocorre durante o período entre a colheita e o consumo. Sendo os produtos hortícolas altamente perecíveis, cerca de 30-40% da produção torna-se imprópria para consumo antes de chegar ao consumidor. As dificuldades de terreno e de transporte agravam ainda mais os custos e a deterioração. A transformação dos produtos hortícolas em diferentes produtos duradouros, especialmente durante a produção excedentária, pode reduzir eficazmente as perdas colossais após a colheita. Devem ser criadas unidades de transformação baseadas em tecnologias modernas nas zonas de cultivo de produtos hortícolas.

10. Agricultura biológica

A área cultivada com agricultura biológica em J&K é de 30676 hectares

A promoção e a adoção de práticas de agricultura biológica nas culturas hortícolas têm um potencial imenso para o desenvolvimento agrícola sustentável, a conservação do ambiente e a melhoria da saúde pública no Vale de Caxemira, com destaque para a preservação da saúde dos solos, a minimização dos produtos químicos e a promoção dos produtos biológicos na região. O Vale de Caxemira, conhecido pelas suas paisagens deslumbrantes, ambiente puro e solo fértil, constitui um terreno fértil para a adoção de práticas agrícolas biológicas no cultivo de produtos hortícolas. As condições agro-climáticas únicas da região, combinadas com o seu rico património agrícola, oferecem circunstâncias favoráveis à redução da dependência química e à transição para um sistema agrícola ecologicamente mais equilibrado e sustentável. Os produtos hortícolas biológicos têm um preço superior em 10-50% ao dos produtos convencionais. A maioria dos produtos biológicos está a crescer a um ritmo mais rápido (20%) do que os produtos convencionais (5%). Esta taxa de crescimento é mais elevada no Japão, nos EUA, na Austrália e na UE. As preferências de exportação de produtos hortícolas biológicos oferecem uma grande margem de manobra a um país como a Índia, que desde tempos imemoriais inculcou a capacidade de cultivar de forma biológica. Ao incentivar os agricultores a adotar práticas biológicas, pretendemos promover a conservação dos solos, minimizar a poluição da água, preservar a biodiversidade e reduzir as emissões de gases com efeito de estufa. O fracasso das colheitas, a redução do rendimento e da qualidade e o aumento das pragas e doenças são problemas comuns que tornam a cultura de produtos hortícolas pouco viável[9]. Além disso, os métodos de agricultura biológica contribuem para a produção de produtos hortícolas seguros e nutritivos, isentos de resíduos nocivos, melhorando assim a saúde pública e a confiança dos consumidores. A promoção e a adoção de práticas de agricultura biológica nas culturas hortícolas representam uma oportunidade significativa para o desenvolvimento agrícola sustentável no vale de Caxemira. Tirando partido das vantagens naturais da região, promovendo a sensibilização e a compreensão e fornecendo mecanismos de apoio abrangentes, podemos criar um sector agrícola próspero que dê prioridade à gestão ambiental, garanta a segurança alimentar e melhore os meios de subsistência dos agricultores. Este documento de orientação estabelece as bases para a concretização desta visão e apela a todas as partes interessadas para que contribuam ativamente para a implementação bem sucedida da agricultura biológica no cultivo de produtos hortícolas no Vale de Caxemira.

Política de exportação de produtos hortícolas

A Índia exporta uma quantidade considerável de produtos hortícolas e de produtos transformados após ter satisfeito as necessidades internas de produtos hortícolas. Os principais produtos hortícolas com potencial de exportação são a cebola, a batata, o quiabo, a cabaça amarga, os pimentos verdes e outros produtos hortícolas sazonais. Muitos produtos hortícolas não tradicionais, nomeadamente cogumelos, aipo, milho doce, feijão e ervilhas, bem como produtos hortícolas cultivados segundo o modo de produção biológico, são também cada vez mais exportados. A exportação de produtos hortícolas é reduzida devido à falta de uma indústria de transformação. Os produtos transformados mais importantes, como os produtos hortícolas enlatados e desidratados ou os produtos hortícolas congelados, não são fabricados de acordo com as normas de qualidade. Os produtores de produtos hortícolas e os especialistas ainda não se equiparam com os aspectos qualitativos da produção e da área de pré e pós-colheita, que desempenham um papel vital na exportação de produtos hortícolas. Para tal, é necessário um investimento inter e também considerável em investigação e desenvolvimento. É necessário desenvolver infra-estruturas de pré-arrefecimento e utilizar cadeias de frio para a comercialização de produtos hortícolas da mais alta qualidade. É igualmente necessário melhorar a gestão do sistema de distribuição de produtos hortícolas no que respeita à comercialização.

Pontos quentes de exportação de produtos hortícolas propostos para a J&K:

- Srinagar, Budgam, Ananatnag, Pulwama
- Bandipora, Kupwara, Ganderbal, Jammu
- Reisi, Udhampur, Doda, Rajouri
- Samba, Kathua

Destinos-alvo:

- **Produtos hortícolas frescos**: Bangladesh, Emirados Árabes Unidos, Nepal, Países Baixos, Malásia, Sri Lanka, Reino Unido, Omã e Qatar.
- **Produtos hortícolas transformados**: EUA, Emirados Árabes Unidos, China, Países Baixos, Reino Unido e Arábia Saudita.

USP/Atributos desejados:

Nicho: Malagueta de Caxemira, alho dos Himalaias

Fora de época: Ervilhas de montanha, cenoura preta temperada, brócolos, couves de bruxelas, batata, rabanete

Outras culturas: Tomate, brinjal, pimento, cebola, cabaça, pepino

Pedido de etiqueta GI

- Produtos hortícolas biológicos por defeito e vantagem climática/sazonal
- Benefícios para a saúde: alimentos protectores, baixo teor de resíduos de pesticidas.
- Qualidade: Elevado teor de capsantina na caxemira, de alicina no alho do Himalaia, elevado teor de açúcar nas ervilhas das montanhas e elevado teor de antocianinas nas cenouras pretas de clima temperado, no tomate, na couve-galega, no pimento, na cebola, na cabaça, no pepino.

Condicionalismos gerais da exportação de produtos hortícolas:

- Menos produtividade
- O carácter intensivo da mão de obra no cultivo de produtos hortícolas.
- Não existem ligações de marketing internacional.

Intervenções

- Certificação BPA dos grupos de exportação identificados
- Níveis aceitáveis de segurança e qualidade
- Apoio aos produtores, incluindo a assunção dos custos de certificação durante os primeiros três anos
- Sistema de balcão único para os exportadores
- Subvenção da taxa de regulamentação nos primeiros três anos
- Certificado de origem
- Sem OGM
- Certificado fitossanitário
- ISO e FASSAI
- HACCP
- Outros documentos, de acordo com as exigências do país importador

Para a exportação, temos de respeitar as normas fixadas para a exportação de produtos hortícolas

produtos de qualidade, que são indicados a seguir:

CADERNO DE ESPECIFICAÇÕES PARA A EXPORTAÇÃO DE PRODUTOS HORTÍCOLAS

VEGETAIS	PAÍS	ESPECIFICAÇÃO	FONTE
Couve-de-bruxelas	Países Baixos México EUA Bélgica Marrocos Espanha Polónia Austrália África do Sul	Diâmetro mínimo: Para rebentos cortados - 10 mm Para rebentos não cortados - 15 mm O tamanho não deve exceder 20 mm	https://wits.worldbank.org/trade/comtrade/en/country/All/year/2019/tradeflow/Exports/partner/WLD/product/070 420
Brócolos	Emirados	Cor verde escura	https://www.volza.co

	Árabes Unidos. Nepal. Singapura	Caules firmes e cachos de gomos compactos 10 cm de comprimento	m/p/broccoli/export/ex port-from-ecuador/
Cenoura	China Etiópia África do Sul	Cor - brilhante Forma - cilíndrica Tamanho - 40 mm Variedade - globular a longa Prazo de validade - cerca de 4 semanas	https://media.supplychain.nhs.uk/media/documents/AGE846
Cenoura	EUA Alemanha Tailândia Emirados Árabes Unidos Nepal	Tamanho, diâmetro ou comprimento, lavado, polido, intacto, firme, cor vermelha, sem fissuras, sem raízes laterais, fresco tamanhos de cenouras: 80g-150g M: 150g-200g L: 200g-250g L: 250g-350g L: acima de 350g	Https: //aptsoexports.co m/carrot-export
Rabanete	China EUA Alemanha Japão	Cor - polpa branca a translúcida Forma - redonda, alongada na base Bolbos de tamanho(20-40)mm Peso: 3 lb a 50 lb Prazo de validade : 2 semanas no frigorífico	https://www.perhouse.com. au
Tomate	Maldivas EUA Itália	Cor - avermelhado Forma - pequena, redonda Tamanho - 50-70 mm Variedade - redondo prolífico Prazo de validade - até 3-7 dias no frigorífico	https://tnscm.co.in/products/ capsicum-green/
Capsicum	Indonésia China Reino Unido	Cor - amarelo esverdeado Forma - redonda Tamanho - grande, médio e pequeno Variedade - redondo prolífico Prazo de validade - até 9-10 dias no frigorífico	https://tnscm.co.in/products/ capsicum-green/
Quiabo	Reino Unido Alemanha Emirados Árabes Unidos	Cor - Centro verde, amarelo ou carmesim Forma - em forma de coração ou de rim Tamanho - 10-25 cm Variedade - redondo prolífico Prazo de validade - 7 a 7,5 dias à temperatura ambiente	https://media.supplychain.nhs.uk/media/documents/AGE846
Ervilha	Emirados Árabes Unidos Estados Unidos da	Cor - Verde ou amarelo Forma - pequena, esférica Tamanho - 6-8 mm Variedade - redondo prolífico Prazo de validade - até 6 meses	https://media.supplychain.nhs.uk/media/documents/AGE846

	América Angola Japão	no frigorífico	
Cabaça de garrafa	Reino Unido Alemanha Nepal	Cor - verde claro Forma - redonda e em forma de garrafa Calibre - 350 mm (não excedido) Variedade - redonda prolífica Prazo de validade - 3 a 3,5 dias à temperatura ambiente	https://media.supplychain.nhs.uk/media/documents/AG E846
Nabo	China EUA Espanha Itália	Cor - Metade roxo em cima e metade branco em baixo Forma - redonda, achatada, globular Tamanho - 1-6 cm Variedade - redondo prolífico Prazo de validade -8-10 meses no frigorífico	https://media.supplychain.nhs.uk/media/documents/AG E846
Brinjal	Qatar, Emirados Árabes Unidos Singapura	Cor - Pele púrpura escura, mais escura no centro e branca nas extremidades Aspeto visual - pele lisa e brilhante, sementes pequenas, macias e achatadas Tamanho-170-250 mm de comprimento Forma- Aproximadamente cilíndrica, podendo ser ligeiramente curvada	https://www.volza.com /p/round-brinjal/export/export- from-india/
Malagueta	Malásia Sri Lanka Paquistão EAU Indonésia Vietname Tailândia África do Sul Arábia Saudita Canadá	Cor - vermelho vivo Valor de cor ASTA - 54,10. Pungência -1.500 - 2.000 SHU. Comprimento - 4cm a 16cm	Https: //biotecharticles. com/Agriculture-Article/Indian-Red- Chilli-Standards-For-Export-3685.html
Batata	Sri Lanka, Omã Emirados Árabes Unidos e é o 3º maior exportador	Cor :Amarelo Peso : 50mm &Above Preço unitário : Por tonelada Variedade : Tamanho pequeno e grande Prazo de validade : 25 dias a partir da data de embalagem	https://www.geewinexi m.com/potato.php
Cebola	Malsia Sri Lanca EAU	O diâmetro mínimo é de 10 mm. 15 mm quando o diâmetro da cebola mais pequena for igual ou superior a 20 mm mas inferior a 40 mm 20 mm quando o diâmetro da cebola mais pequena for igual ou superior a 40 mm mas inferior a 70 mm 30 mm quando o diâmetro da	https://www.volza.com /p/onions/export/expor t-from-india/cod-sweden/

		cebola mais pequena for igual ou superior a 70 mm	

Conclusão

Tendo em conta a importância dos produtos hortícolas, torna-se necessário assegurar uma produção sustentável de produtos hortícolas. Atualmente, a produção de produtos hortícolas não é suficiente nem estável no seu abastecimento. A razão é a baixa produtividade das culturas, a inadequação dos recursos hídricos, a irregularidade das chuvas e as catástrofes naturais. Tendo em conta a procura crescente, a necessidade de expansão horizontal da área com a produção de produtos hortícolas de alta tecnologia, utilizando a gestão integrada da produção, a gestão pós-colheita e a transformação para produzir produtos hortícolas de qualidade, é a principal exigência. A produção de produtos hortícolas pode ser renovada através da utilização de tecnologia híbrida. Se as tecnologias e os factores de produção modernos forem utilizados em conjunto com uma gestão adequada e atempada, a produção de produtos hortícolas será certamente impulsionada.

Referências

.[1] Panwar, A.S.; Babu, S.; Noopur, K.; Tahasildar, M.; Kumar, S., e Singh, S. (2019). Cultivo vertical para aumentar a produtividade e a lucratividade dos terraços secos no nordeste dos Himalaias indianos. *Indian J.of Agri. Sci.*, **89** (12):114- 118.

[2] Choudhary, R.; Jain, S. e Shekhawat, P.S. (2022). Constrangimentos na produção e comercialização de produtos hortícolas em condições de estufa e de campo normal no distrito de Jaipur, no estado do Rajastão. *The Pharma Inn J.*, **11**(2):798- 802

[3]Singh, A.K.; Sabir, N., e Noopur, K. (2017). Plasticultura baseada em horticultura cum cultivo coberto para a segurança dos meios de subsistência. *Indian Horti,* **62**(5):68-74.

[4] Noopur, K.; Ansari, M.A. e Panwar, A.S. (2021). Auto-confiante na produção e consumo de vegetais durante todo o ano através do modelo de horta de cozinha em Indo Gangetic Plains. *Indian J. Agri Sci.*, **91** (12): 1773-7.

[5]Suman, R.S. (2011). Nível de adoção e constrangimentos na tecnologia de produção de vegetais. *Intl. J. Agril.Sci.*, **7**(1):227-230.

[7] Kumar A. Integration of Vertical Farming and Hydroponics: Uma tendência agrícola recente para alimentar a população urbana indiana no século XXI. Ata Scientific Agriculture 2019;3(2): 54-59.

[8] Aseeya Wahid, Ahmad Ali, Jagvir Dixit e Rakesh Mohan Shukla (2022) Perspetiva de cultivo protegido na região árida e fria de Ladakh, Índia: Status e perspetiva futura, o Pharma Innovation Journal 2022; SP-11 (10): 1054-105

[9]Koundinya, A.; Palashsidhya e Pandit, M.K. (2014). Impacto das alterações climáticas no cultivo de vegetais - uma revisão Intl. J. Agri. Env. & Biotech.,7(1):145-155

Printed by Books on Demand GmbH, Norderstedt / Germany